防火材料及其应用

张亮 主编

FANGHUO CAILIAO JIQI YINGYONG

化学工业出版社
·北京·

《防火材料及其应用》依据国家最新颁布的《建筑设计防火规范》(GB 50016—2014)、《混凝土结构防火涂料》(GB 28375—2012)、《电缆防火涂料》(GB 28374—2012)、《建筑用安全玻璃 第1部分：防火玻璃》(GB 15763.1—2009)等标准进行编写，主要介绍了材料燃烧与阻燃基础、建筑防火板材及应用、建筑防火涂料及应用、建筑防火封堵材料及应用、建筑防火玻璃及应用。

本书内容丰富、实用性强，可供建筑消防工程施工现场设计人员、施工人员等学习参考，也可作为高等院校建筑消防工程专业的教材。

图书在版编目(CIP)数据

防火材料及其应用/张亮主编. —北京：化学工业出版社，2016.6
(实用消防技术丛书)
ISBN 978-7-122-26926-3

Ⅰ.①防… Ⅱ.①张… Ⅲ.①防火材料-基本知识 Ⅳ.①TB39

中国版本图书馆CIP数据核字(2016)第087693号

责任编辑：袁海燕　　文字编辑：向　东
责任校对：边　涛　　装帧设计：王晓宇

出版发行：化学工业出版社(北京市东城区青年湖南街13号　邮政编码100011)
印　　装：北京虎彩文化传播有限公司
787mm×1092mm　1/16　印张9½　字数242千字　2016年9月北京第1版第1次印刷

购书咨询：010-64518888　　售后服务：010-64518899
网　　址：http://www.cip.com.cn
凡购买本书，如有缺损质量问题，本社销售中心负责调换。

定　　价：45.00元

《防火材料及其应用》编写人员

主　　编　张　亮

编写人员　王　强　郭海涛　刘彦亭　张　盼

　　　　　李亚州　刘　培　何　萍　陈　达

　　　　　高　超　邢丽娟　齐丽丽

前言

火灾是严重危害人类生命财产、直接影响社会发展及稳定的一种最为常见的灾害，而近年来，随着经济建设的快速发展，物质财富的急剧增多，建筑行业的高速发展，火灾发生的频率也越来越高，造成的损失也越来越大。建筑火灾的严重性，时刻提醒人们要加大消防工作的力度，做到防患于未然。其中，建筑防火材料的研究与应用对预防与遏制火灾事故的发生发挥了重要的作用。因此，为满足消防设计、施工人员全面系统学习的需求，我们组织相关技术人员，依据国家最新颁布的《建筑设计防火规范》（GB 50016—2014）、《混凝土结构防火涂料》（GB 28375—2012）、《电缆防火涂料》（GB 28374—2012）、《建筑用安全玻璃　第1部分：防火玻璃》（GB 15763.1—2009）等标准规范，编写了这本《防火材料及其应用》。

《防火材料及其应用》具有很强的针对性和适用性。结构体系上重点突出、详略得当，突出整合性的编写原则。

由于编者的经验和学识有限，尽管尽心尽力编写，但内容难免有不足之处，敬请广大专家、读者批评指正。

编者

2016年5月

目录

材料燃烧与阻燃基础

1.1 材料燃烧本质及条件

1.1.1 材料燃烧的本质

链锁反应理论认为燃烧是一种自由基的链锁反应，是目前被广泛承认并且比较成熟的一种解释气相燃烧机理的燃烧理论。链锁反应又称为链式反应，它是由一个单独分子自由基的变化而引起一连串分子变化的化学反应。自由基也叫作游离基，是化合物或单质分子在外界的影响下分裂而成的含有不成对价电子的原子或原子团，是一种高度活泼的化学基团，一旦生成即诱发其他分子一个接一个地快速分解，生成大量新的自由基，从而形成了更快、更大的蔓延、扩张、循环传递的链锁反应过程，直至不再产生新的自由基。但是若在燃烧过程中介入抑制剂抑制自由基的产生，链锁反应就会中断，燃烧也会停止。

链锁反应包括：链引发、链传递、链终止三个阶段。自由基如果和器壁碰撞形成稳定分子，或两个自由基与第三个惰性分子相撞后失去能量而变成稳定分子，则链锁反应终止。链锁反应还按链传递的特点不同，分为单链反应与支链反应两种。

链锁反应的终止，除器壁销毁和气相销毁外，还可向反应中加入抑制剂。如现代灭火剂中的干粉和卤代烷等，均属于抑制型的化学灭火剂。

综上所述，可燃物质的多数燃烧反应不是直接发生的，而是经过一系列复杂的中间阶段，不是氧化整个分子，而是氧化链锁反应中的自由基的链锁反应，将燃烧的氧化还原反应展开，进一步揭示了有焰燃烧氧化还原反应的过程。从链锁反应的三个阶段可知：链引发要依靠外界提供能量；链传递能够在瞬间自动地连续不断地进行；链终止则只要销毁一个自由基，就等于切断了一个链，就可以终止链的传递。

1.1.2 材料燃烧的条件

燃烧的条件是指制约燃烧发生和发展变化的外部因素，通过对燃烧机理的分析，能使以上要素发生燃烧的条件包括以下两个：

（1）可燃物与氧化剂作用并达到一定的数量比例，且不受化学抑制　实践观察发现，首先在空气中的可燃物（气体或蒸气）数量不足，燃烧是无法发生的。例如，在室温20℃的同样条件下，用火柴去点汽油和煤油时，汽油立即燃烧起来，而煤油却不燃。煤油为什么不能燃烧呢？这是由于煤油在室温下蒸气数量不多，还没有达到燃烧的浓度。其次，若是空气（氧气）不足，燃烧也不能发生，如当空气中的氧含量下降到14%～16%时，多数可燃物就会停止燃烧。对于有焰燃烧，燃烧的自由基还必须未受化学抑制，使链式反应得以进行，燃烧才能持续下去。

(2) 足够能量和温度的引燃源与之作用　不管哪种形式的热能都必须达到一定的强度才能引起可燃物质燃烧，否则燃烧就不会发生。能够引起可燃物燃烧的热能源称为引燃源。引燃源根据其能量来源不同，可分为以下几种类型：

① 明火焰　明火焰是最常见而且是比较强的着火源，它能够点燃任何可燃物质。火焰的温度根据不同物质通常在700～2000℃之间。

② 炽热体　炽热体是指受高温作用，因为蓄热而具有较高温度的物体（如炽热的铁块，烧红了的金属设备等）。炽热体和可燃物接触引起着火有快有慢，这主要决定于炽热体所带的热量及物质的易燃性、状态，其点燃过程是从一点开始扩及全面。

③ 火星　火星是在铁与铁、铁与石、石与石的强力摩擦、撞击时形成的，是机械能转为热能的一种现象。这种火星的温度根据光测高温计测量，约有1200℃，可引燃可燃气体或液体蒸气和空气的混合物；也可以引燃棉花、布匹、干草、糠、绒毛等固体物质。

④ 电火花　电火花是指两电极间放电时产生的火花，两电极间被击穿或者切断高压接点时产生的白炽电弧，以及静电放电火花和雷击、放电的火花等。这些电火花都能够引起可燃性气体、液体蒸气和易燃固体物质着火。因为电气设备的广泛使用，这种火源引起的火灾所占的比例越来越大。

⑤ 化学反应热和生物热　化学反应热和生物热是指由于化学变化或生物作用产生的热能。这种热能如不立即散发掉，就能引起着火甚至爆炸。

⑥ 光辐射热　光辐射热指太阳光、凸玻璃聚光热等。这种热能只要具有足够的温度，就可以点燃可燃物质。

实践观察可知，着火源温度越高，越容易造成可燃物燃烧。几种常见的着火源温度，如表1-1所示。

表1-1　几种常见的着火源温度

着火源名称	火源温度/℃	着火源名称	火源温度/℃
火柴焰	500～650	气体灯焰	1600～2100
烟头中心	700～800	酒精灯焰	1180
烟头表面	250	煤油灯焰	780～1030
机械火星	1200	植物油灯焰	500～700
煤炉火焰	1000	蜡烛焰	640～940
烟囱飞火	600	焊割焰	2000～3000
石灰与水反应	600～700	汽车排气管火星	600～800

1.2　阻燃剂及阻燃机理

1.2.1　常用阻燃剂的阻燃机理

1.2.1.1　阻燃剂分类

在所有的化学物质中，能够对高聚物材料起到阻燃作用的主要是元素周期表中第Ⅴ族的N、P、As、Sb、Bi和第Ⅶ族的F、Cl、Br、I以及B、S、Al、Mg、Ca、Zr、Sn、Mo、Ti等元素的化合物。常用的是N、P、Br、Cl、B、Al和Mg等元素的化合物。

按阻燃剂的化学结构可将其分为有机阻燃剂和无机阻燃剂两大类。前者主要是磷、卤素、硼、锑和铝等元素的有机化合物，阻燃效果较好；后者阻燃效果通常较差，但由于无毒、价廉，并且对抑制材料的发烟有好处，因而得到较广泛的应用。

按阻燃剂所含的阻燃元素划分，通常可将其分为卤系、有机磷系及磷-卤系、氮系、磷-氮系、锑系、铝-镁系、无机磷系、硼系、钼系等。前五类属于有机阻燃剂，后五类属于无机阻燃剂。

按阻燃剂与被处理基材的关系，可将其分为添加型和反应型两大类。添加型阻燃剂通常是指在加工过程中加入到高聚物中，但与高聚物及其他组分不起化学反应并能增加其阻燃性能的添加剂。反应型阻燃剂一般是在合成阶段或某些加工阶段参与化学反应的用以提高高聚物材料阻燃性能的单体或交联剂。采用作为共聚单体形式的反应型阻燃剂时，一般是在聚合阶段通过聚合反应以聚合物结构单元的形式引入到高聚物中的；而采用交联型的阻燃剂时，阻燃剂将与高聚物大分子链发生化学反应，从而成为高聚物整体的一部分。显然，反应型阻燃剂赋予高聚物的是永久的阻燃性能。

阻燃剂分类如图 1-1 所示。

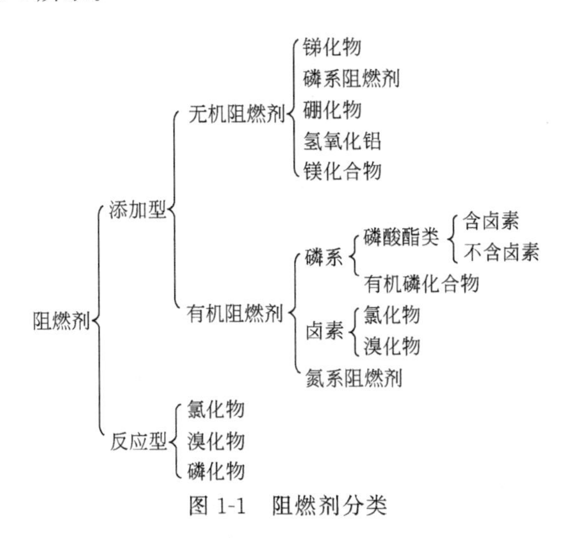

图 1-1　阻燃剂分类

1.2.1.2　卤系阻燃剂的阻燃机理

单独含卤素的阻燃剂较多，加上卤素与其他阻燃元素共同组成的阻燃剂的品种更多。实践证明，卤系阻燃剂的阻燃效果与其键能有关。碳-卤键的键能见表 1-2。

表 1-2　碳-卤键的键能

化学键	键能/(kJ/mol)	开始分解的温度/℃
$C_{脂族}$—F	443～450	>500
$C_{芳族}$—Cl	419	>500
$C_{脂族}$—Cl	339～352	370～380
$C_{偶苯酰}$—Br	219	150
$C_{脂族}$—Br	285～293	290
$C_{芳族}$—Br	335	360
$C_{脂族}$—I	222～235	180
$C_{脂族}$—$C_{脂族}$	330～370	400
$C_{脂族}$—H	390～436	>500
$C_{芳族}$—H	469	>500

由表1-2可以看出，在卤素氟、氯、溴、碘中，氟元素的结合性较强，形成的氟化物较稳定，因而阻燃性不好，有时与其他卤素一同使用，可增加化合物的稳定性、降低化合物的毒性。而碘元素形成的化合物又太不稳定，常温下很容易分解，并且价格昂贵，在实际阻燃应用中也极少采用。因此常见的卤系阻燃剂多为溴系阻燃剂与氯系阻燃剂，它们在气相与凝固相都能延缓高聚物的燃烧。通常提出如下阻燃机理。

（1）气相阻燃机理　高聚物燃烧时发生热分解所产生的可燃性产物和空气中的氧作用，在火焰中产生一系列的自由基链式反应，并且通过链支化反应使燃烧得以传递：

$$\cdot H + O_2 \longrightarrow \cdot OH + O \cdot$$

$$\cdot OH + RCH_3 \longrightarrow RCH_2 \cdot + H_2O$$

$$\cdot O + H_2 \longrightarrow \cdot OH + H \cdot$$

$$RCH_2 \cdot + O_2 \longrightarrow RCHO + \cdot OH$$

其中，主要的放热反应是：

$$\cdot OH + CO \longrightarrow CO_2 + H \cdot$$

显然，为了减缓燃烧或终止燃烧，需终止链支化反应。而卤系阻燃剂的阻燃作用主要就是通过终止链支化反应的气相阻燃机理来完成的。若卤系阻燃剂中不含有氢（如十溴二苯醚），受热时首先会分解出卤素自由基，它再与热分解产物反应生成卤化氢（HX）；若卤系阻燃剂中含有氢，通常受热后直接分解出卤化氢（HX）。

$$MX \longrightarrow M \cdot + X \cdot$$

$$M'X \longrightarrow M' \cdot + HX$$

式中　MX——不含氢的卤系阻燃剂；

M′X——含氢的卤系阻燃剂。

在只有卤系阻燃剂（无锑）阻燃的高聚物中，卤系阻燃剂受热分解时只会产生HX。因为挥发性可燃产物的氧化反应是在火焰中进行的，这种反应是一种自由基链式反应过程，所以反应速率和产生的热量是自由基浓度及其反应性的函数。氢自由基与羟基自由基间进行的氧化反应表示氧是消耗在碳氢化合物中的：

$$H \cdot + O_2 \longrightarrow \cdot OH + O \cdot$$

CO氧化成CO_2的高放热反应是在它和羟基自由基之间发生的：

$$\cdot OH + CO \longrightarrow CO_2 + H \cdot$$

HX在火焰中会发生如下自由基反应：

$$HX + \cdot OH \longrightarrow H_2O + \cdot X$$

$$HX + H \cdot \longrightarrow H_2 + \cdot X$$

$$HX + RCH_2 \cdot \longrightarrow RCH_3 + \cdot X$$

因为HX捕获了火焰中传递燃烧链式反应的活性自由基（·OH、·O·、·H等）生成了活性较低的卤素自由基，所以使气相中活性自由基的浓度降低，造成燃烧减缓或终止，从而达到阻燃的目的。

火焰中的碳氢化合物因为氢转移反应生成HX：

$$\cdot X + RH \longrightarrow HX + R \cdot$$

生成的HX又能够参与捕获火焰中活性自由基的反应。

此外，因为HX的密度较大，且为难燃性气体，不但稀释了空气中的氧，还覆盖在高聚物材料表面，取代了空气，形成保护层隔绝热量，造成高聚物的燃烧速度降低或实现自熄。

从表1-2可以看出，C—Br键的键能较低。事实上，大部分溴系阻燃剂的分解温度都在

200～300℃，此温度范围和很多常用高聚物的分解温度相重叠，所以其阻燃效率很高。就阻燃效率而言，脂肪族溴化物＞脂环族溴化物＞芳香族溴化物，但是芳香族阻燃剂的热稳定性更高。

氯系阻燃剂的阻燃机理与溴系类似，但从 H—X 键的键能来看：

H—Cl： 434.54kJ/mol

H—Br： 365.80kJ/mol

因为 HCl 的结合能比 HBr 大，所以它与火焰中活性自由基的反应速率较慢。此外，HBr 和 HCl 的质量比为 1∶2.2。按这一机理解释溴系阻燃剂的效能应是氯系阻燃剂的 2.2 倍，这已被实验所证实了。但从其他方面来说，溴化物的耐热性低，无熔滴效果不明显；氯化物的耐热性好，无熔滴效果明显。并且氯系阻燃剂阻燃的高聚物的电绝缘性能也强于溴系阻燃剂阻燃的高聚物，因此暂时这两类阻燃剂的应用还无法相互取代。

(2) 凝聚相阻燃机理　高聚物的热分解过程一般是先形成非挥发性、低迁移性的大分子自由基，当温度进一步上升后，不同结构的卤系阻燃剂开始挥发或分解。在含有卤素的有机化合物中，C—X 键首先断裂，反应产物是一个卤素自由基与一个有机自由基。

$$R—X \longrightarrow X \cdot + R \cdot$$

卤素自由基可以从任一分子中夺取一个氢原子而生成 HX。

$$X \cdot + R—H \longrightarrow HX + \cdot$$

若氢毗邻一个 C—X 键，那么在卤系阻燃剂中就会形成一个双键。

$$\sim CH_2—CHX\sim \longrightarrow CH_2—CH\sim + X \cdot \longrightarrow \sim CH=CH\sim + HX$$

双键和 HX 键的存在增加了烯丙基的 C—X 键断裂的可能性。仅有无氢的卤系阻燃剂（如十溴二苯醚）不能从阻燃剂自身分解产生 HX。卤系阻燃剂受热分解产生的自由基与熔融的高聚物反应产生 HX，同时按下面的方式生成大分子的高聚物自由基。

$$X \cdot + PH \longrightarrow HX + P \cdot$$

卤系阻燃剂存在时热分解所生成的挥发性产物的组成和没有添加阻燃剂时完全不同，这时生成的产物的可燃性较低。

(3) 气相阻燃与凝聚相阻燃的鉴别　卤系阻燃剂在气相和凝聚相都能起阻燃作用。它们可以与高聚物基体反应，所以阻燃作用取决于阻燃剂及高聚物的结构。其阻燃效率可以用多种燃烧试验进行验证，以得到对比结果。这里介绍比较常用的一种辨别方法——氧指数（LOI）试验方法，它对说明阻燃作用所在的相非常有效。即采用氧气和一种氧化性较差的氧化剂（通常是一氧化二氮）来进行 LOI 与 NOI（一氧化二氮指数）数值的对比。通过对 LOI 和 NOI 浓度的函数曲线形状进行对比分析，将有助于了解起阻燃作用的相态。若测出的两种指数曲线的变化一样，表明阻燃不受氧化剂的影响，因此是在凝聚相发生的阻燃。反之，如果两种指数曲线的变化不同，则表明燃烧过程取决于氧化剂，阻燃是在气相中发挥作用。用数学方法可将某些性质用函数关系表达出来。

(4) 卤-锑系统阻燃机理　三氧化二锑无法单独作为阻燃剂（含卤高聚物除外）使用，但当高聚物中含有卤素（如聚氯乙烯等）时，则阻燃效果显著。卤素和三氧化二锑间具有协同阻燃效应这一重要发现被称为现代阻燃技术中的一个具有划时代意义的里程碑，奠定了现代阻燃化学的基础。自从 1930 年被人们认识以来，至今仍然是阻燃技术领域内一个非常活跃的研究课题。

目前得到广泛认同的卤锑系统阻燃机理为：在高温下，三氧化二锑可以和卤化氢反应生成三卤（氯）化锑或卤（氯）氧化锑，而卤（氯）氧化锑又能够在很宽的温度范围内继续受热分解为三卤（氯）化锑。反应式如下：

$$Sb_2O_3(s)+6HCl(g) \longrightarrow 2SbCl_3(g)+3H_2O$$

$$Sb_2O_3(g)+2HCl(g) \xrightarrow{250℃} 2SbOCl(s)+H_2O$$

$$5SbOCl(s) \xrightarrow{245\sim280℃} Sb_4O_5Cl_2(s)+SbCl_3(g)$$

$$4Sb_4O_5Cl_2(s) \xrightarrow{410\sim475℃} 5Sb_3O_4Cl(s)+SbCl_3(g)$$

$$3Sb_3O_4Cl(s) \xrightarrow{475\sim565℃} 4Sb_2O_3(s)+SbCl_3(g)$$

人们普遍认为卤锑系统的协同效应主要来源于三卤化锑。这是因为热分解形成的卤化锑与三氧化二锑可作为自由基的终止剂，改变燃烧分解及增长的过程。而卤氧化锑起着卤化锑贮藏室的作用，在高聚物受热过程中逐渐释放出来，在燃烧区域中形成挥发性非常小的固体氧化物粒子，在含有空气的这些微粒子和气相的界面上，能量在固体表面就被消耗掉了，进而改变了高聚物的燃烧反应机理，这就是所谓的“壁效应”。而且，因为卤氧化锑的热分解反应是在多数高聚物产生热分解的温度范围内发生的，这样阻燃剂分解产生的气体就可以和高聚物的燃烧气体产物一起产生，有效地降低了可燃性气体产物的浓度。另外，在固相的脱水反应促进了炭化物的生成并使燃烧反应热降低。具体作用机理可归纳为下列几点。

① 密度大的三卤化锑蒸气可以较长时间停留在燃烧区域，具有稀释和覆盖作用。

② 卤氧化锑的分解过程为吸热反应，能够有效地降低被阻燃材料的温度和分解速度。

③ 液态和固态三卤化锑微粒的表面效应可以降低火焰的能量。

④ 三卤化锑可以促进固相及液相的成炭反应，而相对减缓生成可燃性气体的高聚物的热分解与热氧分解反应，而且生成的炭层能够阻止可燃性气体进入火焰区域，同时保护下层材料免遭破坏。

⑤ 三卤化锑在燃烧区域内可按下列反应式与气相中的自由基发生反应，从而改变气相中的燃烧反应模式，降低反应放热量，最终使火焰熄灭。

$$SbX_3 \longrightarrow X\cdot+SbX_2\cdot$$

$$SbX_3+H\cdot \longrightarrow HX+SbX_2\cdot$$

$$SbX_3+CH_3\cdot \longrightarrow CH_3X+SbX_2\cdot$$

$$SbX_2\cdot+H\cdot \longrightarrow SbX\cdot+HX$$

$$SbX_2\cdot+CH_3\cdot \longrightarrow CH_3X\cdot+SbX\cdot$$

$$SbX\cdot+H\cdot \longrightarrow Sb+HX$$

$$SbX\cdot+CH_3\cdot \longrightarrow Sb+CH_3X$$

⑥ 三卤化锑的分解过程也可以逐渐释放出卤素自由基，后者又按下列反应式与气相中的自由基（如 H·）结合，因而能够在较长的时间内维持阻燃功能。

$$X\cdot+CH_3\cdot \longrightarrow CH_3X$$

$$X\cdot+H\cdot \longrightarrow HX$$

$$X\cdot+HOO\cdot \longrightarrow HX+O_2$$

$$X\cdot+X\cdot+M \longrightarrow X_2+M$$

$$X_2+CH_3\cdot \longrightarrow CH_3X+X\cdot$$

$$HX+H\cdot \longrightarrow H_2+X\cdot$$

反应式中的 M 是吸收能量的物质。

⑦ 在燃烧区域，氧自由基能与锑反应生成氧锑自由基，后者能够捕获气相中的 H·及 OH·，而产物水的生成也有利于使燃烧停止和火焰熄灭。反应式如下：

$$Sb+O\cdot+M \longrightarrow SbO\cdot+M$$
$$SbO\cdot+2H\cdot+M \longrightarrow SbO\cdot+H_2+M$$
$$SbO\cdot+H\cdot \longrightarrow SbOH$$
$$SbOH+OH\cdot \longrightarrow SbO\cdot+H_2O$$

反应式中的M是吸收能量的物质。

综上所述，卤锑协同的阻燃作用主要是在气相进行的，同时兼具凝聚相阻燃作用。

在这里需要注意的是，使卤氧化锑的分解温度范围和被阻燃高聚物的热分解行为相一致是极其重要的。实验证明，添加金属氧化物可以使卤氧化锑的热分解温度向高温或低温偏移。比如，氧化铁能够使分解温度下降50～100℃；氧化钙、氧化锌能够使分解温度升高25～50℃（图1-2）。

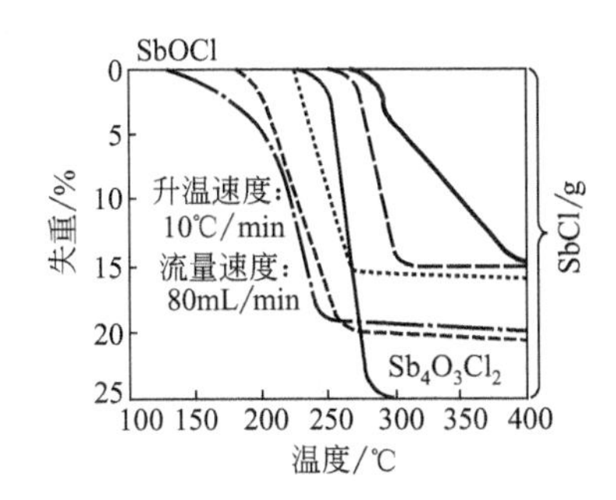

图1-2 金属氧化物对氯氧化锑热分解的影响

—— SbOCl；········ 10SbOCl+5TiO_2；—·— 8SbOCl+2CuO；——— 10SbOCl+5CaO

----- 8SbOCl+2Fe_2O_3；—— 10SbOCl+5ZnO

1.2.1.3 有机磷系阻燃剂的阻燃机理

有机磷系阻燃剂可同时在凝聚相与气相发挥阻燃作用，其阻燃机理如下。

（1）凝聚相阻燃机理　在燃烧过程中，有机磷系阻燃剂受热分解生成磷酸的非燃性液态膜，其沸点为300℃。同时，磷酸又能够进一步脱水生成偏磷酸，偏磷酸进一步聚合将生成聚偏磷酸；总的分解历程为：有机磷系阻燃剂→磷酸→偏磷酸→聚偏磷酸。在这个过程中，不但由磷酸形成的覆盖层可以起到覆盖效应，屏蔽氧气以抑制燃烧，而且因为生成的聚偏磷酸为强酸，是很强的脱水剂，可以使高聚物发生脱水炭化，所以改变了高聚物燃烧过程的模式，并在其表面形成焦炭层以隔绝空气，从而发挥更强的阻燃效果。

例如，磷酸酯受热分解生成磷酸：

$$R^1-O-\overset{\overset{\displaystyle O}{\|}}{\underset{\underset{\displaystyle R^3}{|}}{\underset{\displaystyle O}{\underset{|}{P}}}}-O-R^2 \longrightarrow \text{烃}+HO-\overset{\overset{\displaystyle O}{\|}}{\underset{\underset{\displaystyle OH}{|}}{P}}-OH$$

磷酸受热聚合：

$$n\,HO-\overset{\overset{\displaystyle O}{\|}}{\underset{\underset{\displaystyle OH}{|}}{P}}-OH \longrightarrow \left(\overset{\overset{\displaystyle O}{\|}}{\underset{\underset{\displaystyle OH}{|}}{P}}-O\right)_n+n\,H_2O$$

有机磷系阻燃剂用作阻燃纤维素材料时，促使纤维素脱水生成碳膜：

$$(C_6H_{10}O_5)_n \xrightarrow{\text{磷酸}} 6nC + 5nH_2O$$

如果上述磷酸酯的烷基中的氢原子被 Cl 或 Br 原子取代时，就是含卤磷酸酯。除具有上述阻燃作用外，同时兼具卤系阻燃剂的阻燃作用。

在高聚物表面生成的焦炭层，由于具有下述特点而能发挥良好的阻燃效能。第一，焦炭层本身的氧指数可达 60%，且难燃、隔热、隔氧，可以使燃烧熄灭；第二，焦炭层本身的导热性能差，因此使传递至基材的热量减少、基材的热分解减慢；第三，羟基化合物的脱水系吸热反应，且脱水形成的水蒸气又能够稀释氧及可燃性气体的浓度，并能吸收大量潜热，使体系温度下降；第四，有机磷系阻燃剂的分解产物大多是黏稠状的半固态物质，可在高聚物材料表面形成一层覆盖在焦炭层上的液膜，这可以降低焦炭层的透气性并保护焦炭层不被继续氧化。

从上述机理来看，有机磷系阻燃剂的阻燃作用主要表现在火灾初期的高聚物分解阶段。因其能促进高聚物脱水炭化，所以减少了高聚物因受热分解而产生的可燃性气体的数量，降低了材料的质量损失速率，同时将大部分磷残留于炭层中。显然，想要达到炭化的目的，高聚物最好是含羟基的聚合物。所以，有机磷系阻燃剂对纤维素、聚氨酯、聚酯等含羟基高聚物的阻燃作用非常大，而对不含羟基的聚烯烃、聚氯乙烯、聚苯乙烯等高聚物的阻燃效果则比较小。例如，对于聚氨酯的阻燃，磷的最小需用量为 1%～1.5%，对聚酯为 2%～8%，对纤维素为 3%～4%；而对于聚烯烃，最小必需用量则大于 15%。

（2）气相阻燃机理　有机磷系阻燃剂在气相中的阻燃机理和卤素捕获自由基的理论类似。有机磷系阻燃剂受热分解所形成的气态产物中含有 PO·，它可以抑制 H·和 HO·的链传递，因此有机磷系阻燃剂也可在气相抑制燃烧链式反应，即：

$$H_3PO_4 \longrightarrow HPO_2 + HPO + PO\cdot$$

$$PO\cdot + H\cdot \longrightarrow HPO$$

$$HPO + H\cdot \longrightarrow H_2 + PO\cdot$$

$$PO\cdot + \cdot OH \longrightarrow HPO + O\cdot$$

$$\cdot OH + H_2 + PO\cdot \longrightarrow HPO + H_2O$$

其中 PO·自由基最为重要。特别是当燃烧过程主要取决于链的支化反应（如 $H\cdot + O_2 \longrightarrow OH\cdot + O\cdot$）时，PO·自由基的反应最为重要。以质谱分析经三苯基氧化膦处理的高聚物的热分解产物时，证明了 PO·的存在。

（3）协同阻燃机理　在实际的阻燃技术中，极少使用单一品种的阻燃剂，一般是将数种阻燃剂组合并用，借助其协同效果，这是阻燃技术中的一个重要方面。

有机磷系阻燃剂与有机卤系阻燃剂并用时，常有极好的协同效果。这是因为在气相和凝聚相中发挥效果的有机磷系阻燃剂与在气相中发挥效果的有机卤系阻燃剂一起发挥阻燃作用的缘故。另外，与单独使用的场合不同，由于生成的 PBr_3、PBr_5、$POBr_3$ 等溴-磷化合物比卤化氢还重，其挥发和散失困难，因此覆盖效应更大。磷-氯阻燃剂的增强作用比磷-溴的低些。

采用同一分子内同时含有磷和卤素的阻燃剂（如某些溴代烷基及芳基磷酸酯），有时也能产生协同效应。但当这类阻燃剂和三氧化二锑并用时，卤-磷间及卤-锑间通常没有协同或加和作用，而可能呈现对抗作用。例如，以含卤和磷的阻燃剂处理聚乙烯时，加入三氧化二锑无法提高阻燃效率。在这种情况下，锑在被阻燃的高聚物材料燃烧时不产生气化，而是生成不挥发的磷酸锑，导致协同作用消失。

目前，磷-卤协同机理的研究还有待深入进行。但有一点是能够肯定的，即阻燃体系中的磷-卤相互作用不但取决于高聚物的类型，还取决于磷-卤阻燃剂的结构，有时表现为协同作用，有时表现为加和作用，有时表现为对抗作用。

除磷-卤间具有协同作用之外，磷-氮体系也具有协同作用。和单独使用有机磷系阻燃剂的体系相比，有氮存在时能够促进炭化。在协同作用中，大约一半的磷先形成磷-氮键，促进磷对纤维素的磷酸化作用形成。有机磷系阻燃剂和氮化合物在受热时，首先生成磷酰胺，随后脱去胺同时生成 P═N 键，在较高的温度时 P═N 键和纤维素交联，以促进纤维素之间的交联。生成的 P═N 键和纤维素中的羟基形成四元环过渡态：

$$\begin{array}{c}\mathrm{Cell{-}CH_2{-}O{-}H} \\ \vdots \quad \vdots \\ \mathrm{P{=}N}\end{array}$$

促使纤维素进行磷酸化，然后在高温下，连续失去胺和产生 P═N 键，形成

$$\begin{array}{c} \mathrm{O} \\ \| \\ \mathrm{Cell{-}CH_2{-}O{-}P{-}NHC_2H_5} \\ | \\ \mathrm{O{-}CH_2{-}Cell}\end{array}$$

结构，这样有利于纤维素脱水成炭，最后成为无定形炭。因为叔氮不具备形成 P═N 键的条件，所以叔氮通常不产生磷-氮协同效应。

此外，添加多元醇（如季戊四醇）和磷酸酯于高聚物中也有利于成炭。尤其是添加可以产生气体的化合物时会生成膨胀的炭，使基质和火、热、氧隔绝。

1.2.1.4 红磷的阻燃机理

红磷是一种非常有效的阻燃剂，可用于阻燃含氧高聚物，例如聚碳酸酯（PC）与聚对苯二甲酸乙二醇酯（PET）。红磷的阻燃机理和有机磷系阻燃剂的类似。在 400～500℃下，红磷解聚生成白磷，后者在水汽存在条件下被氧化为黏性的磷的含氧酸，而这类酸既可覆盖在被阻燃高聚物材料表面，又可在材料表面加速其脱水炭化，形成的液膜及炭层将外部的氧、挥发性可燃物和热与内部的高聚物基质隔开而使燃烧中断。此外，红磷在凝聚相可与高聚物碎片发生作用而减少挥发性可燃物的形成，而某些含磷的物系也可能参与气相反应而发挥阻燃作用。表 1-3 列出了红磷阻燃聚对苯二甲酸乙二醇酯（PET）、聚甲基丙烯酸甲酯（PMMA）、高密度聚乙烯（HDPE）及聚丙烯腈（PAN）的可能的阻燃机理。

表 1-3 红磷阻燃一些高聚物的可能的阻燃机理

被阻燃高聚物	凝聚相阻燃	气相阻燃
PET	减缓裂解，形成芳香性残留物	—
PMMA	加速环状酸酐的形成	—
HDPE	含磷酸化合物抑制燃烧	降低自由基浓度
PAN	含磷酸化合物加速表面炭化	PO·抑制燃烧

由此可见，红磷的阻燃机理和被阻燃高聚物的性质有关，其阻燃效率也是如此。例如，红磷阻燃非含氧高聚物 HDPE 的氧指数和红磷的用量成正比，而阻燃含氧高聚物 PET 的氧指数则与红磷用量的平方根呈线性关系。用 80% 的红磷阻燃 HDPE 时，被阻燃材料在 400℃空气中的质量损失为 6%，而不加红磷的 HDPE 在同样条件下的质量损失则为 70%。这说明红磷的加入明显提高了 HDPE 的热稳定性。同样，红磷也可以抑制 PAN 热分解的第一阶段，使其热稳定性得以改善。此外，以红磷阻燃的 PET 的热分解固体产物中有磷酸酯

存在，而且红磷在 PET 中可形成热稳定性很好的 P—O 键，在高聚物表面形成酯交联，这可以抑制挥发性和低分子量热分解产物的生成，同时增大了多环芳香族炭化层的生成速度和减少了烟及有毒气体的释放。表 1-4 列出了一些高聚物达到（UL 94）V-0 级时所需红磷的用量。

表 1-4　一些高聚物达到（UL 94）V-0 级时所需红磷的用量

高聚物	红磷用量/%
聚苯乙烯	15
聚乙烯	10
聚酰胺	7
填充酚醛树脂	3
聚对苯二甲酸乙二醇酯	3
聚碳酸酯	1

1.2.1.5　氮系阻燃机理

含氮阻燃剂，最早以无机铵盐的形式被应用。现在无机铵盐仍为其主要应用形式，如 $(NH_4)_2HPO_4$、$NH_4H_2PO_4$、$(NH_4)_2SO_4$、NH_4Br 等。目前对它们阻燃机理的研究比较深入。

铵盐的热稳定性较差，受热时分解放出 NH_3。如 $(NH_4)_2SO_4$ 的分解过程如下：

$$(NH_4)_2SO_4 \xrightarrow{380℃} NH_4HSO_4 + NH_3\uparrow$$

$$NH_4HSO_4 \xrightarrow{513℃} H_2SO_4 + NH_3\uparrow$$

释放的氨气为难燃性气体，它稀释了空气中的氧浓度；形成的 H_2SO_4 也具有脱水炭化催化剂的作用。通常认为后一种作用是主要的。近年来通过质谱分析的研究发现，NH_3 在火焰中可发生下列反应：

$$4NH_3 + 3O_2 \longrightarrow 2N_2\uparrow + 6H_2O$$

并伴有深度氧化产物 N_2O_4 等的生成。可以看出，NH_3 不但有物理上的稀释作用，而且还有化学上的阻燃作用。

氨基磺酸铵按下列反应进行分解：

$$2NH_4SO_3NH_2 \xrightarrow{200\sim290℃} (NH_4SO_3)_2NH + NH_3\uparrow$$

$$(NH_4SO_3)_2NH \xrightarrow{300\sim500℃} 3NH_3\uparrow + 2SO_3\uparrow$$

两者的区别就是，氨基磺酸铵主要在气相中通过 NH_3 和 SO_3 起阻燃作用。

当前氮系阻燃剂得到良好应用的品种主要是三聚氰胺及其衍生物和胍类化合物，也有一些场所使用氰尿酸或异氰尿酸、双氰胺或其胍盐，主要通过分解吸热和生成不燃性气体以稀释可燃物而发挥作用。它们有的可以单独应用，有的是膨胀阻燃剂等阻燃体系的组成部分或协效剂。

1.2.1.6　其他无机阻燃剂的阻燃机理

大部分无机阻燃剂的阻燃作用主要是吸热效应。例如，在受热分解脱出结合水时，每克氢氧化铝将吸收 1.97kJ 的热量。此外，无机阻燃剂大多含有结合水，受热释放的水蒸气在气相中还起到稀释可燃性气体及氧气的作用。主要无机阻燃剂或填充剂热分解时的吸热量见表 1-5。从表 1-5 可以看出，$Al(OH)_3$ 的吸热量最大，$CaCO_3$ 次之。

表 1-5 主要无机阻燃剂或填充剂热分解时的吸热量

名称	分子式	相对密度	每分子的结合水量/%	分解温度/℃	吸热量/(kJ/g)
氢氧化铝	$Al(OH)_3$	2.42	34.6	200	1.97
氢氧化镁	$Mg(OH)_2$	2.40	31.0	430	0.77
碱式碳酸铝钠	$Na\cdot AlO\cdot (OH)\cdot HCO_3$	2.40	43.0	240(CO_2) 700(H_2O)	1.72
铝酸钙	$3CaO\cdot Al_2O_3\cdot 6H_2O$	2.52	28.6	250(失 4.6 分子) 430(失 1.4 分子)	1.59
硫酸钙	$CaSO_4\cdot 2H_2O$	2.32	20.9	128(失 1.5 分子) 163(失 0.5 分子)	0.67
氢氧化钙	$Ca(OH)_2$	2.24	24.3	450	0.93
硼酸锌	$2ZnO\cdot 2B_2O_3\cdot 3.5H_2O$	2.8	14.5	330	0.62
偏硼酸钡	$BaO\cdot B_2O_3\cdot H_2O$	—	7.5	—	—
高岭土	$Al_2O_3\cdot 2SiO_2\cdot 10H_2O$	2.5～2.6	13.9	500	0.57
碳酸钙	$CaCO_3$	2.6～2.7	59.9	880～900	1.79

其分解吸热反应方程式为：

$$2Al(OH)_3 \xrightarrow{\triangle} Al_2O_3 + 3H_2O$$

$$Mg(OH)_2 \xrightarrow{\triangle} MgO + H_2O$$

$$H_3BO_3 \xrightarrow{130\sim200^\circ C} HBO_2 \xrightarrow{260\sim270^\circ C} B_2O_3$$

此外，无机阻燃剂如硼酸锌和卤系阻燃剂及锑化物协同使用时阻燃效果更加显著。当它与卤系阻燃剂 RX 并用时受热，可生成气态卤化硼、卤化锌，同时吸热释放出结晶水，如：

$$2ZnO\cdot 3B_2O_3\cdot 3.5H_2O + 22RX \xrightarrow{\triangle} 2ZnX_2 + 6BX_3 + 11R_2O + 3.5H_2O$$

燃烧时生成的 HX 继续与硼酸锌反应生成卤化硼和卤化锌，如：

$$2ZnO\cdot 3B_2O_3\cdot 3.5H_2O + 22HX \xrightarrow{\triangle} 2ZnX_2 + 6BX_3 + 14.5H_2O$$

上述反应产生的卤化硼、卤化锌能够捕捉气相中反应活性很强的 OH·和 H·，干扰并中断燃烧的链锁反应。在固相中，可以促使高聚物生成致密的炭化层，同时在高温下，卤化锌与硼酸锌在材料表面形成玻璃状涂层。炭化层与玻璃状涂层既能隔热，又可隔绝空气。

1.2.1.7 膨胀阻燃机理

膨胀阻燃体是以磷、氮为主要阻燃元素，它不含卤素，也不使用氧化锑作协效剂。含有这类阻燃剂的高聚物受热时，表面形成一层均匀致密的炭质泡沫层，可以有效地隔绝热量和氧气，抑制发烟，并能避免熔滴产生，因而具有良好的阻燃性能。

产生膨胀作用需要三种主要成分：①一种可以在加热至 100～250℃时产生酸的化合物(酸源)；②富含碳原子的多羟基化合物，在酸的作用下脱水而用作碳源；③在受热时能释放出挥发性产物的胺类或酰胺类化合物作为气源，水蒸气也能够产生起泡效应。此外，胺或酰胺可能还对成炭反应产生催化作用。

膨胀型阻燃剂经历以下过程后形成多孔的泡沫炭层而在凝聚相起阻燃作用。

① 在较低的温度（具体温度取决于酸源及其他组分的性质）下，酸源分解释放出可以酯化多元醇和可作为脱水剂的无机酸，通常为磷酸。

② 在稍高于酸源分解的温度下，体系内发生酯化反应，而体系中的胺或酰胺则可用作酯化反应的催化剂。

③ 体系在酯化前或酯化过程中熔化。

④ 反应产生的水蒸气以及由气源产生的不燃性气体使熔融体系膨胀发泡。同时，多元醇与酯脱水炭化，形成无机物和炭残余物，且体系进一步膨胀发泡。

⑤ 反应接近完成时，体系胶化与固化，最后形成多孔的泡沫炭层。

上述几步过程严格按顺序协调进行，多孔炭层形成过程如图 1-3 所示。

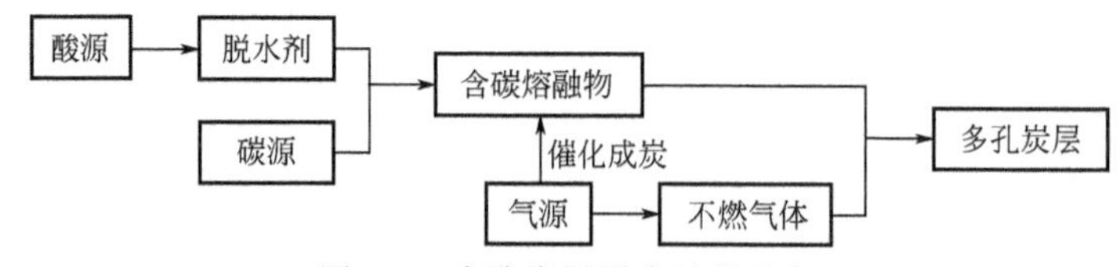

图 1-3 多孔炭层形成过程示意

膨胀型阻燃剂可能也具有气相阻燃作用。由于磷-氮-碳体系遇热作用时可能产生 NO 和 NH_3，而它们也可以结合自由基而导致燃烧链反应终止。此外，自由基也可能碰撞，在组成泡沫体的微粒上而互相结合成稳定的分子，造成燃烧链反应中断。

1.2.2 常用阻燃剂及其介绍

1.2.2.1 卤系阻燃剂

卤系阻燃剂作为有机阻燃剂的一个重要品种，是最早使用的一类阻燃剂。由于其价格低廉、稳定性好、添加量少、与合成树脂材料的相容性好，而且能保持阻燃剂制品原有的理化性能，是目前世界上产量和使用量最大的有机阻燃剂。

综合考虑难燃程度、加工制造工艺、成本经济、采用卤系阻燃剂后燃烧时的发烟性，以及成品的热变形、力学性能和耐老化性能等因素，将各种高聚物材料适用的卤系阻燃剂概括列于表 1-6 中。

表 1-6 各种高聚物材料适用的卤系阻燃剂

阻燃剂		高聚物													
		聚氯乙烯	聚酯	不饱和聚酯	聚烯烃	聚苯乙烯	聚氨酯泡沫	环氧树脂	酚醛树脂	聚丙烯酸树脂	聚醋酸乙烯酯	乙酸纤维素	硝基纤维素	羊毛	纤维制品	纸制品
添加剂型	卤代饱和烃			√	√	√	√		√						√	
	卤代芳烃		√	√	√	√		√	√							
	卤代苯醚	√	√	√	√	√		√	√							
	卤代酚衍生物	√	√		√	√		√	√							
	卤代酸衍生物	√	√	√												
	卤代醇衍生物		√													
	含卤磷酸酯		√	√	√		√		√	√	√	√	√			√
	卤氮化合物													√	√	√
反应型	卤代酚				√	√		√	√							
	环氧化物			√				√								
	卤代酸(酸酐)		√	√			√	√								
	卤代醇		√	√			√									
	卤代乙烯基类			√												
	卤氮化合物													√	√	√

注：√代表可适用。

卤系阻燃剂主要有含溴及含氯两大类别阻燃剂。

(1) 含溴阻燃剂　优点：在于对复合材料的力学性能几乎没有影响，与基体树脂相容性好，分解温度大多在200～300℃左右，与各种高聚物的分解温度相匹配，因此能在最佳时刻，于气相及凝聚相同时起到阻燃作用，有添加量小、效果好的优点。

常用的有十溴二苯醚、十溴二苯乙烷、溴化环氧树脂、四溴双酚A、六溴环十二烷、八溴醚等，这中间尤以十溴二苯醚、十溴二苯乙烷、四溴双酚A使用量较大。

① 十溴二苯醚　近期议论最多的是多溴二苯醚（PBDPO）在燃烧时会产生有毒致癌的多溴代苯并噁英（PBDD）和多溴代二苯并呋喃（PBDF）。但通过严格的德国二噁英条令和美国环保局的规定测定，没有产生PBDD和PBDF的危险。因此十溴二苯醚类阻燃剂在美国、日本和欧洲部分国家依然畅销，被使用在多种高聚物之中。而真正有致癌产物生成的是八溴二苯醚和五溴二苯醚。

② 十溴二苯乙烷　近年来开发的十溴二苯醚最佳替代品。十溴二苯乙烷与十溴二苯醚的阻燃性能基本一致，而且十溴二苯乙烷的耐热性、耐光性以及不易渗析的特点都优于十溴二苯醚，最可贵的是其阻燃的塑料可以回收使用，不会形成有毒的多溴代苯并噁英（PBDD）和多溴代二苯并呋喃（PBDF），是一种有广泛应用前景的阻燃剂。

③ 溴化环氧树脂是一种较新型阻燃剂　它具有优良的熔融速率、较高的阻燃效率、优异的热稳定性，又能使被阻燃材料具有良好的物理机械性能，不起霜，从而被广泛地应用于PBT、PET、ABS、尼龙66等工程塑料、热塑性塑料以及PC/ABS塑料合金的阻燃处理中。

④ 四溴双酚A（TBBPA）　世界生产量和用量最大的阻燃剂品种，它可广泛地用作反应型阻燃剂以制造溴化环氧树脂、酚醛树脂和含溴聚碳酸酯及作为中间体合成其他复杂的阻燃剂，也可作为添加型阻燃剂用于ABS和HIPS。有关四溴双酚A的毒性评估以及四溴双酚A与欧盟REACH法规等表明四溴双酚A可以继续使用。

⑤ 六溴环十二烷（HBCD）　耐热性高的HBCD可单独也可与三氧化二锑并用在HIP、SEPS、XPS、PP等均聚物和共聚物中。

⑥ 八溴醚。

⑦ 溴化聚苯乙烯　溴化聚苯乙烯具有分子量大，热稳定性好，在高聚物中分散性和混溶性好，易于加工，不起霜等优点，主要应用在PA、PBT、树脂中。溴化聚苯乙烯是20世纪80年代国外问世的新产品，90年代进入我国市场，90年代末国内开始研究，但没有实现真正的工业规模生产。

⑧ 聚溴代苯乙烯　它是溴代苯乙烯的聚合物。这种产品白度好、热稳定性高，但溴代苯乙烯合成的工艺复杂，使用的设备类似于螺旋推进、设有不同反应温度区域的反应器。

⑨ 四溴双酚A碳酸酯低聚物　四溴双酚A碳酸酯低聚物主要用于阻燃ABS、PBT、PET、PC、PC/ABS共混体、聚砜、PET/PBT共混体和SAN等。

部分有机溴系阻燃剂所适用的高聚物材料见表1-7。

表1-7　部分有机溴系阻燃剂所适用的高聚物材料

名称		适用的高聚物材料
含溴烷烃类	溴代乙烷	乙烯基树脂
	溴代环烷基丙烯酸酯	丙烯酸类树脂
	溴代聚丁二烯	乙烯基树脂，聚苯乙烯
含溴烯烃类	溴代乙烯	聚苯乙烯，丙烯酸类树脂
	四溴十二碳烯	聚酯
	六溴二环戊烯衍生物	丙烯酸类树脂

续表

名　称		适用的高聚物材料
含溴醇、酸、醛等	2,3,3-三溴烯丙基醇及其酯(如丙烯酸酯)	聚苯乙烯,乙烯基树脂
	2,2,3,3-四溴-1,4-丁二醇	聚苯乙烯
	溴代季戊四醇	聚酯
	溴代多元醇	聚氨酯
	2,3-二溴丙基邻苯二甲酸酯	纸制品
	溴代妥尔油	聚氨酯
	2,2-二(溴甲基)-1,3-丙二醇	聚酯
	2-溴代乙基衣康酸酯	聚苯乙烯,丙烯酸类树脂
	二溴琥珀酸	聚酯
	溴代乙醛,溴代苯甲醛	聚乙烯醇
	$BrCH_2$—$RCONR^1R^2$($R=C_5\sim C_{21}$;R^1、R^2 是较低的烷基)	聚氨酯
	二(2,3-二溴丙基)苹果酸酯	聚苯乙烯
含溴芳香族类	溴代聚苯乙烯	聚酯,聚烯烃
	五溴甲苯	聚氨酯
	溴代苯基乙烯基醚	聚酯
	苯乙烯二溴化物	聚苯乙烯
	溴代苯基丙烯酸酯	油漆,聚苯乙烯
	溴代苯基缩水甘油醚	环氧树脂,聚酯,聚氨酯
	(苯环结构式:—CHBrCH₂Br,OH,OH)	聚酯
	溴代甲苯基二异氰酸酯	聚氨酯
	四溴邻苯二甲酸或酸酐	聚酯
	四溴双酚 A	环氧树脂

(2) 含氯阻燃剂　在有机卤系阻燃剂中，除了溴系阻燃剂以外，氯系阻燃剂用得最多。两者的阻燃机理相同，但氯系阻燃剂的阻燃效率要差一些（如以阻燃元素质量计，氯一般仅为溴的 1/2）。近 30 年来，一些国家氯系阻燃剂消耗量的增长速度明显低于溴系，所以氯体系阻燃剂在阻燃剂耗量中所占的比重也相对要小一些。

主要有氯化石蜡、氯化脂环烃、四氯邻苯二甲酸酐。

氯化石蜡优缺点：是工业上重要的阻燃剂，由于热稳定性差，仅适用于加工温度低于200℃的复合材料。

氯化脂环烃、四氯邻苯二甲酸酐热稳定性较高，常用作不饱和树脂的阻燃剂。现今，越来越鼓励使用氯系阻燃剂。

部分有机氯系阻燃剂及它们适用的高聚物材料见表 1-8。

表 1-8　部分有机氯系阻燃剂所适用的高聚物材料

名　称		适用的高聚物材料
含氯烷烃类	氯乙烷	涂料，聚苯乙烯
	氯丙烷	聚酯
	C_{10}～C_{30}氯化石蜡	涂料，羊毛，木材，织物，聚烯烃
	氯化鱼油	涂料
	氯化橡胶	橡胶
	氯化聚异丁烯	聚氨酯
	氯化聚烯烃	聚烯烃
	聚氯乙烯	织物
	六氯代苯	纤维素衍生物
含氯烯烃类	氯乙烯	织物，苯乙烯，丙烯酸类树脂
	氯丙烯	聚苯乙烯，乙烯基树脂，丙烯酸类树脂
	氯丁烯	橡胶，乙烯基树脂
	氯丁二烯	聚烯烃
	乙烯基氯代醋酸酯	聚酯，丙烯酸类树脂
	烯丙基氯	环氧树脂
	六氯环戊二烯及其衍生物	涂料，聚酯，聚氨酯，环氧树脂，聚苯乙烯，丙烯酸类树脂
含氯醇、酸、醛等	C_2～C_{12}氯代醇，多元醇	乙烯基树脂，聚酯
	氯代季戊四醇	聚酯，聚氨酯
	四氯丁基-1，4-二醇	环氧树脂
	1，1，1-三氯-2，3-环氧丙烷	聚酯，聚氨酯
	氯代己二酸	尼龙，乙烯基树脂
	乙烯基氯代醋酸酯	聚酯
	二氯丁二酸	聚氨酯
	氯代脂肪酸	聚苯乙烯
	三氯乙醛	聚氨酯，环氧树脂，聚甲醛
	氯代烷丙烯腈	丙烯酸类树脂
	氯代芳基二胺	环氧树脂
	四氯化碳、烷基醋酸酯缩合物	树脂，织物
含氯芳香族类	烷氧基氯代苯	乙烯基树脂
	氯代六甲基苯	乙烯基树脂
	氯代烷基芳香醚	聚酯
	氯代酚	织物，聚苯乙烯，丙烯酸类树脂，木材，酚醛树脂，聚苯
	五氯酚缩水甘油醚	聚氨酯，环氧树脂
	氯代苯乙烯	聚酯，聚苯乙烯，聚烯烃
	氯代苯硫酚酯	丙烯酸类树脂，乙烯基树脂
	氯代 1，4-二羟基甲基苯	纤维素，织物
	氯代苯异氰酸酯	织物

续表

名　称		适用的高聚物材料
含氯芳香族类	氯代联苯和多苯	织物，聚酯，聚氨酯，聚苯乙烯
	氯代4,4′-二羟基联苯	聚酯
	氯代3,3′-二异氰酸酯联苯	聚氨酯
	氯代萘	织物，聚酯
	氯代双酚A和缩水甘油醚	聚酯，环氧树脂
	氯代联苯基碳酸酯	聚碳酸酯
	四氯苯二甲酸及其衍生物	织物，聚酯
	氯代醇酸树脂	涂料
	氯醌（结构式：Cl, Cl, O, O, Cl, Cl）	乙烯基树脂

1.2.2.2　有机磷系阻燃剂

有机磷系阻燃剂是一种阻燃性能较好的阻燃剂，它具有阻燃增塑双重功能，并可代替卤化系阻燃剂，具有一定的发展前景。近年来，研究人员针对阻燃剂的缺点研究开发的膨胀型阻燃剂，其活性成分之一为磷。含膨胀型阻燃剂的高聚物热裂或燃烧时，表面形成一层膨胀炭层，具有阻燃（极限氧指数达60%）、隔热、隔氧功能，且生烟量少，也不易形成有毒气体和腐蚀性气体，有效地克服了有机磷系阻燃剂的缺点。

有机磷系阻燃剂品种众多、用途广泛，有主要包括磷酸酯、膦酸酯、亚磷酸酯、有机磷盐、氧化膦、磷杂环化合物及聚合物磷（膦）酸酯，含磷多元醇及磷-氮化合物等。主要集中于磷杂环化合物及聚合物磷（膦）酸酯。

（1）磷酸酯　磷酸酯阻燃剂是有机磷阻燃剂的一个重要系列，他们大都属于添加型阻燃剂，兼具阻燃及增塑作用。由于磷酸酯资源丰富，价格低廉，与高聚物的相容性好，因此在有机磷阻燃剂中应用最为广泛。磷酸酯一般分为无卤类和有卤类，非卤磷酸酯的主要功能是增塑剂，可称为阻燃型增塑剂，含卤磷酸酯的阻燃功能较高，系增塑阻燃剂。

大多数磷酸酯为液体，耐热性差，挥发性大，相容性不理想，在燃烧时有滴落物产生。为了避免上述缺点，开发一些高分子缩聚型磷酸酯成为未来磷酸酯系阻燃剂的发展方向之一。含氮的磷酸酯由于同时含有氮和磷两种元素，阻燃效果比只含磷的化合物要好，成为磷酸酯系阻燃剂的又一发展方向。自20世纪90年代以来，随着阻燃剂研究的深入，磷酸酯类阻燃剂从单磷酸酯类向双聚或多聚磷酸酯类阻燃剂过渡，尤其是双聚磷酸酯又称低聚磷酸酯，由于具有适当的分子量，同时兼有蒸气压低、迁移性小、耐久性好、毒性低、无色、无臭、耐水解等优点，因而被广泛用于聚氨酯、聚碳酸酯、丙烯腈-丁二烯-苯乙烯共聚物、聚对苯二酸乙二酰、苯乙烯-丙烯腈、聚丙烯等材料的阻燃。

（2）膦酸酯　膦酸酯系阻燃剂是一类很有发展前途的阻燃剂。膦酸酯具有类似磷酸酯的性质，伯和仲膦酸酯为结晶状物质，绝热时形成膦酸酐，但它们的热稳定性高，只有在很高温度下，碳-磷键才能断裂。由于碳-磷键的存在，其化学稳定性增强，具有耐水耐溶剂型，因而阻燃性能持久。目前的研究主要集中在含氮的膦酸酯和反应型膦酸酯两方面，其主要产品有甲基膦酸二甲酯、烯烃基膦酸酯、酰胺膦酸酯、环状膦酸酯等。环状膦酸酯是一类具有较高热稳定性和优良耐水性的添加型阻燃剂，主要用于聚酯纤维、聚氨酯泡沫塑料盒热固性树脂的阻燃。

(3) 氧化膦　氧化膦是一类很稳定的有机磷化合物，可用作聚酯的阻燃剂，所得的阻燃聚酯色泽好，机械性能好，近年来不断开发出新的品种。用含有活性官能团的氧化膦单体掺入共聚，可以制造阻燃聚酯、聚碳酸酯、环氧树脂和聚氨酯等。氧化膦是聚苯醚有效的阻燃剂，它可与磷酸酯类阻燃剂媲美，由于含磷量高，所以达到同样阻燃级别时所需添加的阻燃剂量小。主要品种有正丁基双（羟丙基）氧化膦（FRD）、三羟丙基氧化膦（FR-T）、环辛基羟丙基氧化膦（CODPPO）。通过反应将含膦单体结合到合成材料的分子上，赋予材料永久的阻燃性。例如：双（对-羧苯基）苯基氧化膦用作聚酰胺、聚酯、聚苯并咪唑等多种聚合物的反应型阻燃剂或阻燃单体，可同时赋予聚合物较好的阻燃性、抗静电性和染色性，较高的热、氧稳定性以及较高的玻璃化转变温度等性能。

(4) 亚磷酸酯　近年来，亚磷酸酯阻燃剂开发的品种远不如膦酸酯多，大部分亚磷酸酯用于抗氧剂、稳定剂、防老剂，用于阻燃剂的较少。一种环状的亚磷酸酯通过垂直燃烧试验表明，其阻燃性能可达到（UL 94）V-0，其阻燃效果好，主要是由于季戊四醇骨架在聚合物燃烧中能形成一层焦炭保护膜。

最近研发的新型聚醚多元醇亚磷（膦）酸酯在聚氨酯软泡中的应用试验结果表明，它是一种热稳定性高、阻燃效果好，同时具有增塑剂和抗氧剂特性的新型阻燃剂。

(5) 鏻盐系列　鏻盐是具有 R_4PX 结构的含磷有机化合物，其代表性品种是氯化四羟甲基（THPC），是早期开发的织物阻燃剂。它以磷化氢、甲醛和盐酸为原料制得。

THPC 属于反应型阻燃剂，能和棉纤维活性基团发生反应，生成物是被处理对象的组成部分，因而阻燃性能持久，耐洗性好。但由于在制造或使用过程中可能产生致癌物质氯甲醚，现已很少使用。为此，人们进行了改性研究，已开发出换代产品。次膦酸盐是近年开发的新一代磷系阻燃剂，以次膦酸盐为基的阻燃剂可用于热塑性塑料（如 PA、PBT）、纤维及纺织品的阻燃。

大多数有机磷系阻燃剂兼具阻燃和增塑的功能，因而应用范围极其广泛。在综合考虑了高聚物材料的阻燃性能要求、加工制造工艺、成本经济因素以及有阻燃剂对高聚物材料物理力学性能影响的基础上，各种高聚物材料推荐使用的有机磷系阻燃剂见表 1-9。

表 1-9　各种高聚物材料推荐使用的有机磷系阻燃剂

阻燃剂	高聚物									
	聚氯乙烯	聚酯	聚烯烃	聚苯乙烯	聚氨酯	环氧树脂	聚丙烯酸树脂	纤维素	纸制品	纤维制品
磷酸酯	√	√	√	√	√	√	√	√	√	√
膦酸酯		√			√	√		√	√	√
亚磷酸酯	√	√	√	√		√				
有机鏻盐								√	√	√
氧化膦		√	√		√	√				
含磷多元醇		√			√	√				
磷氮化合物								√	√	√

注：√表示推荐使用。

1.2.2.3 无机阻燃剂

无机阻燃剂是由耐高温溶液加入超微无机金属氧化物精细加工而组成。无机阻燃剂主要是把具有本质阻燃性的无机元素以单质或化合物的形式添加到被阻燃的基材中，以物理分散状态与高聚物充分混合，在气相或凝聚相通过化学或物理变化起到阻燃作用。已开发研究的木质阻燃元素主要有金属 Mg、Al、Ca，非金属 B、Si、N、P、Sb，卤素及过渡元素 Mo、V、Fe 等，无机类阻燃剂主要有金属水合物、红磷、硼类化合物、锑类化合物等，无机阻燃剂具有热稳定性好、不挥发、效果持久、价格便宜等特点，得到广泛的应用。

耐温可达 1700℃，涂料完全透明，在常温和高温下无任何气味，无机阻燃剂涂刷后涂膜不影响物体的本来颜色，无机阻燃剂涂刷在无机的材质基体上，能与物体表面形成互穿网络结构，附着力好，具有一定的隔热、防氧化、防腐、阻燃防火的保护作用，延长基体的使用寿命，节能环保。其添加于聚合物配方中，具有阻燃、协效阻燃或抑烟功能。

一般包括氢氧化铝、氢氧化镁、赤磷、多聚磷酸铵、硼酸锌、氧化锑和钼化合物等。

其中氧化锑、硼酸锌等单独使用时阻燃效果并不显著，与卤系、磷酸酯及其他有机阻燃剂配合能明显提高其阻燃效果，因此亦有阻燃协效剂或阻燃助剂之称。

无机阻燃剂一般阻燃效能较低，添加量大，但有害性小，抑烟效果好。

无机阻燃剂的金属水合物主要以氢氧化铝、氢氧化镁为主。其具有填充剂、阻燃剂、发烟抑制剂的三重功能。

(1) 氢氧化铝阻燃剂（ATH） 氢氧化铝（简称 ATH）阻燃剂，具有无毒、稳定性好，高温下不产生有毒气体，还能减少塑料燃烧时的发烟量等优点，而且价格低廉，来源广泛。氢氧化铝的脱水吸热温度较低，约为 235～350℃，因此在塑料刚开始燃烧时的阻燃效果显著。ATH 在添加量为 40%时，可显著减缓 PE（聚乙烯）、PP（聚丙烯）、PVC（聚氯乙烯）及 ABS（丙烯腈/丁二烯/苯乙烯共聚物）等的热分解温度，具有良好的阻燃及降低发烟量的效果。添加 50%的氢氧化铝的聚烯烃，在日本主要用于制作食品包装材料，添加 60%氢氧化铝的阻燃聚烯烃可用作建筑材料及汽车、船舶的内部装饰材料。

① 性能 我国生产的阻燃级氢氧化铝的主要物理性能见表 1-10。

表 1-10 阻燃级氢氧化铝的主要物理性能

性能		指标
外观		白色粉末
真密度/(g/cm^3)		2.42
堆积密度/(g/cm^3)	松装	0.25～1.1
	密装	0.45～1.4
白度		87～96
折射率 n_D		1.57
细度/目		325 或 625～1250
硬度(莫氏)		2.5～3.5
灼烧质量损失/%		34

② 阻燃机理 氢氧化铝的阻燃作用来源于其三个分子结晶水的吸热分解，$2Al(OH)_3 \longrightarrow Al_2O_3 + 3H_2O$。每克 $Al(OH)_3$ 分解时吸收的热量大约为 1.97kJ。氢氧化铝受热脱水和发生相变的过程非常复杂，根据氢氧化铝的差热分析曲线（图 1-4）上的三个吸热峰可以断定其

结晶水的失去是分三个阶段进行的。第一个吸热峰在230℃左右，相当于α-三水合氧化铝部分转化为α-氧化铝水合物的转化热，$Al(OH)_3 \longrightarrow AlOOH + H_2O$。第二个吸热峰出现在300℃左右，它相当于α-氧化铝水合物分解转变为χ-氧化铝。第三个吸热峰在500℃左右，这个吸热峰较宽，表示α-单水合物分解转化为γ-氧化铝，$2AlOOH \longrightarrow Al_2O_3 + H_2O$。

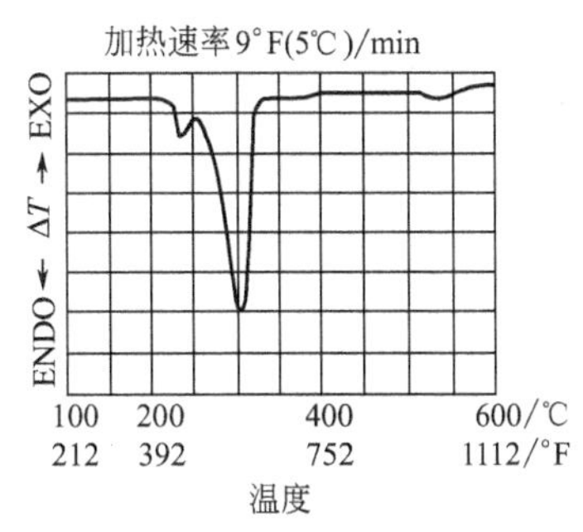

图1-4 氢氧化铝的差热分析曲线

总体来看，氢氧化铝的阻燃作用体现在以下几个方面：

a. 分解吸热，这一过程可以从火焰中吸收辐射能。这种吸热作用有利于降低体系的温度，促进脱氢反应的发生并可有效地保护高聚物炭层。

b. 氢氧化铝受热分解所释放出的水蒸气不仅可以作为冷却剂，还可以稀释气相中可燃性气体的浓度。

c. 氢氧化铝脱水生成的氧化铝层，具有极高的比表面积，因此能吸附烟和可燃物，使材料燃烧时释放的CO_2量明显降低。

实验研究表明，在氢氧化铝阻燃高聚物时，它除了能起到阻燃作用以外，还可以抑制烟的生成。这是由于在固相中它促进了炭化过程，取代了烟的生成。而且一般来说，这个体系的消烟作用也与氢氧化铝在燃烧过程中所发生的脱水吸热有关，因为在凝聚相中热的消散会减少高聚物的热分解从而有利于交联成炭的发生。

氢氧化铝受热时开始发生脱水的温度、最大吸热峰因氢氧化铝的粒径大小及其分布范围、加热脱水条件以及杂质含量的不同而不同。选用氢氧化铝作阻燃剂时，应根据高聚物材料的热分解温度及成型加工温度要求来选择氢氧化铝的粒径分布及其杂质含量。因此，如要达到预计的阻燃效果，必须认真选择好氢氧化铝的控制指标。

③ 应用　氢氧化铝的用途极其广泛，它不仅用于阻燃，还可以用于消烟和减少材料燃烧时腐蚀性气体的生成量；不仅可以用于热固性树脂，也可以用于热塑性树脂、合成橡胶、涂料和黏合剂中。总体来说，氢氧化铝的用量越大，阻燃效果就越好；氢氧化铝的粒径越小，阻燃效果也就越好；对氢氧化铝进行表面改性处理可以大大地提高其阻燃性能。现简略介绍氢氧化铝在阻燃领域中的应用。

a. 热固性树脂

ⅰ. 在不饱和聚酯中的应用　在玻璃纤维增强的不饱和聚酯浇注料如各种高低压电器开关中，氢氧化铝作为填料使用时，可以使制品具有阻燃性、消烟性以及抗电弧性。氢氧化铝还可以用于玻璃钢层压制件，如玻璃钢瓦、管材、贮槽等的制造中，均具有良好的阻燃效果。

ⅱ. 在环氧树脂中的应用　在环氧树脂中，氢氧化铝具有能够显著提高制品氧指数的作用。如用量为40%～60%时，氧指数比未经阻燃填充的环氧树脂高一倍，同时还明显提高了环氧树脂的抗电弧性和抗弧迹性。经氢氧化铝阻燃的环氧树脂在制作变压器、绝缘器材、开关装置等方面具有较好的发展前景。

b. 热塑性树脂

ⅰ. 在聚乙烯中的作用　氢氧化铝对高密度聚乙烯可燃性的改善最为明显。HDPE ∶ $Al(OH)_3$＝60 ∶ 40时即可达到UL 94-HB级，在进一步增加氢氧化铝添加量的情况下，HDPE的阻燃性能可达到（UL 94）V-0级。

ⅱ. 在聚丙烯中的应用　在热塑性树脂中，氢氧化铝对聚丙烯的阻燃作用研究得较为充分。实验表明，在添加40份氢氧化铝时，聚丙烯的水平燃烧速率大约可以减少40%，氧指数提高 4 个单位。并且随着氢氧化铝添加量的增加，材料的阻燃性能、抑烟性能和热变形温度均相应增高，但材料的拉伸性能、冲击性能、弯曲性能、相对伸长率则随添加量的增加而降低。

ⅲ. 在交联聚乙烯、乙丙胶电缆中的应用　在这些高聚物中，氢氧化铝的填充使其阻燃性能得到提高，并且绝缘性能优良，因而获得了广泛的应用。这些制品已在电线电缆行业中得到实际应用。

ⅳ. 在聚氯乙烯中的应用　氢氧化铝在阻燃热塑性塑料中研究最多的应用领域还是聚氯乙烯。氢氧化铝可以取代填料碳酸钙，非常容易掺和到增塑的聚氯乙烯中。为了获得高的阻燃性能通常有两种方法：其一是将氢氧化铝和磷酸酯类增塑剂并用；其二是将氢氧化铝和硼酸锌并用。这些配方已应用于聚氯乙烯的电线电缆料中。在硬质聚氯乙烯中加入氢氧化铝除了可以起到阻燃作用外主要起消烟作用。

ⅴ. 在 ABS 中的应用　添加 40%氢氧化铝的 ABS，其燃烧速率从 4.2cm/min 下降到 2.0cm/min，最大烟密度从 99%下降到 72%。添加 36%氢氧化铝和 12.5%玻璃纤维的 ABS 的可燃性及发烟性均有较大程度的降低，此试验结果可归因于玻璃纤维的高导热性。各种填充剂对 ABS 燃烧性能的影响见表 1-11。

表 1-11　各种填充剂对 ABS 燃烧性能的影响

项　目		A	B	C	D
成分/%	ABS	100	60	60	51.5
	$Al(OH)_3$	—	40	—	36
	$CaCO_3$	—	—	40	—
	玻璃纤维	—	—	—	12.5
燃烧性能	燃烧速度/(cm/min)	4.2	2.0	3.3	1.5
	最大烟密度/%	99	72	99	47
	释烟速率/%	89	57	82	36

c. 合成橡胶　氢氧化铝是合成橡胶的一个极其重要的阻燃剂。它不仅具有吸热分解、放出结晶水、汽化、冷却、稀释可燃性气体等阻燃作用，还同时具有消烟、捕捉有害气体的作用。另外用它填充制作的阻燃橡胶运输带还具有抗打滑的作用，并可减少阴燃时间。

ⅰ. 在氯丁橡胶中的应用　阻燃氯丁橡胶是以氯丁橡胶为基材，并掺入氢氧化铝和碳酸钙、陶土、三氧化二锑等成分。如阻燃电缆护套配方为（单位：份）：氯丁橡胶 100、陶土 70、碳酸钙 30、氢氧化铝 100、硼酸锌 15、三氧化二锑 10、氧化锌 5、氧化镁 4、三（2,3-二溴丙基）异氰脲酸酯 5、促进剂 Na-22 0.5、硬脂酸 2。所得制品的阻燃性能优良，氧指数高达 50%，垂直燃烧和水平燃烧性能优良。

ⅱ. 在硅橡胶中的应用　阻燃硅橡胶是以聚硅氧烷橡胶为基材，掺入氢氧化铝和镍、铁、钴等成分而成。应用实例（单位：份）：乙烯-聚二甲基硅氧烷 100、醋酸镍 2、氢氧化铝 70、炭黑 1、填料和颜料 7、过氧化二异丙基苯 1，经混合脱气后于 160℃、1.0MPa 下模压 30min，所得样品可通过（UL 94）V-0 级。

d. 涂料　阻燃涂料是以 EVA 聚合物为基材，掺入氢氧化铝和三甲羟丙烷、聚醋酸乙烯等成分。如（单位：份）EVA 聚合物 100、聚醋酸乙烯 3、氢氧化铝 70、三甲羟丙烷 10，混合后涂覆在电缆上，经紫外线照射 24h 后，所得涂料的氧指数为 50%。

e. 黏合剂　地毯衬垫胶乳和羧酸化胶乳黏合剂是氢氧化铝最先应用的领域，这方面的应用至今还处于领先地位。它在预涂层、黏合剂和泡沫材料中还可以代替阻燃作用很小的碳酸钙和白土作为具有阻燃性能的填料使用。一般是 100 份胶乳中加 20～150 份 3～20μm 的氢氧化铝，而在黏合剂中则可加入 75～250 份的氢氧化铝。

(2) 氢氧化镁阻燃剂（MDH）　氢氧化镁（简称 MDH）阻燃剂具有良好的阻燃效果，同时还能够减少塑料燃烧时的发烟量，起到抑烟剂的作用。氢氧化镁还具有安全无毒，高温加工时热稳定性好等优点。氢氧化镁填充的塑料材料表面光洁明亮，色泽美观大方。将氢氧化镁阻燃剂用于 PP 塑料，添加量为 50%时即具有良好的阻燃效果。在适量添加时，氢氧化镁还是 PP 材料的高效消烟填料。但是氢氧化镁分解温度较高，在 340～490℃左右，吸热量也较小，因此对抑制材料温度上升的性能比氢氧化铝差，对聚合物的炭化阻燃作用却优于氢氧化铝。因此两者复合使用，互为补充，其阻燃效果比单独使用更好。

① 性能　表 1-12 列出了国产阻燃级 $Mg(OH)_2$的主要物理性能指标。

表 1-12　阻燃级氢氧化镁的主要物理性能指标

性能		指标
外观		白色粉末
真密度/(g/cm^3)		2.39
堆积密度/(g/cm^3)	松装	0.27
	密装	0.63
白度		95
折射率 n_D		1.561～1.581
细度/目		200～1500
硬度(莫氏)		2～3
灼烧质量损失/%		31

② 阻燃机理　与氢氧化铝一样，氢氧化镁的阻燃性能来自于其吸热分解释放出水蒸气、稀释可燃性气体、氧化物膜隔绝热量传递等作用。不同的是，氢氧化镁的热分解温度更高，吸热量比氢氧化铝高 17%左右，其抑烟能力也略优于氢氧化铝。

③ 应用　氢氧化镁的应用领域与氢氧化铝大致相同，已经应用在聚乙烯、聚丙烯、聚氯乙烯、聚苯乙烯、ABS 树脂、三元乙丙橡胶、聚苯醚、聚酰亚胺等高聚物材料和涂料、黏合剂中，并不断开拓新的应用领域。

a. 在聚乙烯中的应用　用 $Mg(OH)_2$阻燃聚乙烯时，为达到（UL 94）V-1 级或（UL 94）V-0 级的阻燃级别时，阻燃剂用量应在 40%～60%，但此时材料的烟密度明显降低了（表 1-13）。

表 1-13　以 $Mg(OH)_2$阻燃聚乙烯的性能

阻燃剂及含量[$Mg(OH)_2$]/%	氧指数/%	阻燃性(UL 94)	烟密度 D_m	
			明燃	阴燃
40	28	V-1	—	—
50	—	—	79	231
60	37	V-0	—	—

表 1-14 列出了以 $Mg(OH)_2$ 和 $Al(OH)_3$阻燃高密度聚乙烯（HDPE）时材料冲击强度的变化情况。可以看出：随着阻燃剂用量的增加，材料的冲击强度明显下降。

表 1-14　以 $Mg(OH)_2$ 和 $Al(OH)_3$ 阻燃 HDPE 的冲击强度

阻燃剂含量/份	缺口冲击强度/(kJ/m²)	
	HDPE+$Mg(OH)_2$	HDPE+$Al(OH)_3$
25.0	5.4	不断
42.8	4.0	15.5
66.7	3.4	11.2
100	2.8	8.2
150	2.8	3.4

b. 在聚丙烯中的应用　目前氢氧化镁在国内应用较多的领域为阻燃聚丙烯制品，既能阻燃又能消烟。表 1-15 列出了用氢氧化镁阻燃聚丙烯材料的性能以及氧指数随氢氧化镁用量变化的情况。

表 1-15　氢氧化镁阻燃聚丙烯材料的性能以及氧指数随氢氧化镁用量变化的情况

阻燃 PP 性能	$Mg(OH)_2$用量/份									
	0	11.1	25	43	67	100	113	127	138	150
熔体流动速率/(g/10min)	3.8	2.7	3.5	3.8	4.1	3.6	3.9	3.3	3.1	3.1
拉伸强度/MPa	33.6	35.1	32.4	30.7	27.6	28.1	25.3	24.6	23.3	23.3
弯曲强度/MPa	44.3	41.0	39.0	40.0	41.0	39.0	38.0	36.0	35.0	34.0
缺口冲击强度/(kJ/m²)	—	9.7	10.6	9.8	10.0	8.2	6.8	6.2	5.62	4.6
氧指数/%	19.0	19.5	20.0	20.5	23.0	26.5	27.0	27.5	28.0	29.5

采用氢氧化镁阻燃聚丙烯时，为了达到（UL 94）V-1 级或（UL 94）V-0 级的阻燃级别时，阻燃剂的用量一般应在 50%～60%，此时高聚物材料的物理力学性能明显恶化，但燃烧时的生烟量大幅度下降（实验结果分别见表 1-16 和表 1-17）。

表 1-16　氢氧化镁阻燃聚丙烯的性能

性　能	$Mg(OH)_2$用量	
	50%	60%
拉伸强度/MPa	34.5	36.0
拉伸模量/GPa	3.07	4.18
伸长率/%	3.74	1.66
悬臂梁式抗冲强度/(J/m)	218.1	154.3
氧指数/%	34	37
阻燃级别(UL 94)	V-1	V-0

表 1-17　聚丙烯及阻燃聚丙烯的生烟性

材　料	开始生烟时间/s	最大烟密度 D_m
PP	85	34
PP+60%$Al(OH)_3$	220	32
PP+60%$Mg(OH)_2$	210	24
PP+15%十溴二苯醚+8%Sb_2O_3	25	96

c. $Mg(OH)_2$和$Al(OH)_3$共用的阻燃效果　曾有人研究了$Mg(OH)_2$与$Al(OH)_3$在HDPE中共用的阻燃效果。试验结果表明，使用混合阻燃剂的氧指数LOI明显高于它们单独使用时氧指数的加和值（LOI_{add}），如图1-5所示。LOI_{add}可由下式计算而得：

$$LOI_{add}=LOI_{HDPE+Al(OH)_3}+LOI_{HDPE+Mg(OH)_2}+LOI_{HDPE}$$

这表明$Mg(OH)_2$与$Al(OH)_3$在HDPE中共用时具有协同的阻燃效果，出现此现象有两个原因。首先，$Mg(OH)_2$和$Al(OH)_3$的吸热分解温度的峰值相差80℃左右，并且都在HDPE发生氧化放热反应的温度范围之内，因而可以在相当宽的温度范围内连续限制材料的温度上升和热氧降解反应发生。按照燃烧学的原理，一种材料在着火之前影响其着火的主要因素是温度和升温速度。因此，与单独使用这两种阻燃剂相比，使用两种具有不同分解温度的阻燃剂对材料的阻燃效果更好。其次，共用具有两种不同分解温度的阻燃剂时能在较宽的温度范围内连续释放出水蒸气，使高聚物着火前后周围环境中的氧浓度和可燃性气体的浓度都被稀释了，从而提高了材料的阻燃性能。

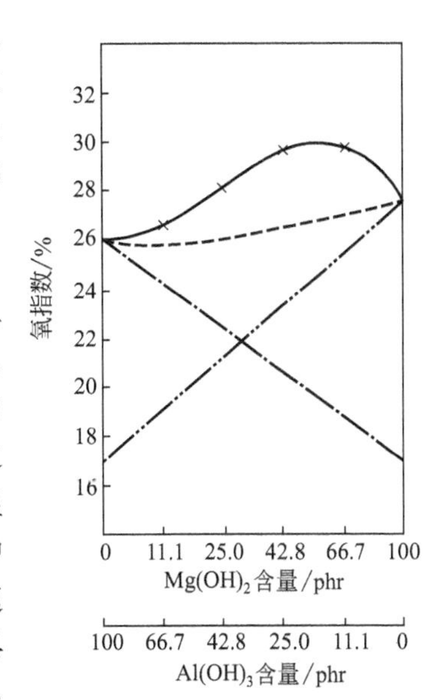

图1-5　HDPE中单独使用和混合使用$Mg(OH)_2$及$Al(OH)_3$时试样氧指数值的比较

—×— $Mg(OH)_2$和$Al(OH)_3$混合使用；—·—单独使用$Al(OH)_3$；—··—单独使用$Mg(OH)_2$；-----单独使用$Mg(OH)_2$和$Al(OH)_3$时的加和值；phr为每100质量份树脂中的含有份数

(3) 红磷阻燃剂　红磷是一种很好的无机阻燃剂，同时还是氢氧化铝/氢氧化镁阻燃体系中常见的阻燃增效剂。红磷的阻燃效率高、用量少、发烟量低、毒性小，具有非常广泛的使用范围。尤其对含氧聚合物的阻燃效果好，对PE、PP塑料的阻燃效果稍差，但与氢氧化镁、氢氧化铝阻燃剂同时使用时，可以产生协同效应而起到良好的阻燃效果。

① 性能　红磷的主要性能见表1-18。

表1-18　红磷的主要性能

性能	指标
密度/(g/cm^3)	2.34
熔点/℃	590(4.3MPa)
升华点/℃	416
着火点/℃	200
蒸气压(380～590℃)/Pa	$(-5667.7/T+11.0844)\times133.3$
熔化热/(kJ/mol)	18.2
汽化热/(kJ/mol)	32.2
平均摩尔热容/[J/(mol·℃)]	25.2(22～300℃),28.6(22～500℃)
介电常数/(F/m)	4.1
LD_{50}(大鼠,口服)/(mg/kg)	>15000

② 应用　普通红磷阻燃剂有吸潮、易着色、摩擦碰撞时易爆炸的缺点，已经开发出颗粒用微胶囊包覆的红磷阻燃剂，它是在红磷微粒外包覆一层膜而使之成为胶囊，这种胶囊在

加工时不会破裂，但塑料材料着火时，这层膜却能立即融解而释放出阻燃剂从而达到阻燃的目的。因此新型红磷阻燃剂克服了以上几种缺点，并且其阻燃效果与普通红磷阻燃剂基本相同。微胶囊包覆方法还提高了红磷在树脂中的分散性能。

红磷已被用于阻燃多种高聚物材料和制品。如用于阻燃聚烯烃、聚苯乙烯、聚酯、聚酰胺、聚碳酸酯、聚甲醛、环氧树脂、不饱和聚酯、橡胶、纤维等，但最有效的还是用于阻燃含氧高聚物。

红磷在作阻燃剂时除了单独使用以外，还常与氢氧化铝共用（两者间具有阻燃协效作用）。表 1-19 及表 1-20 收集了几个红磷和氢氧化铝共用阻燃热固性树脂（环氧树脂和不饱和聚酯）的配方。

表 1-19　以红磷及 $Al(OH)_3$ 阻燃环氧树脂的配方

Ⅰ/份

配方及性能	序号								
	1	2	3	4	5	6	7	8	9
E-51 环氧树脂	100	100	100	100	100	100	100	100	100
甲基四氢苯酐	80	80	80	80	80	80	80	80	80
苄基甲基咪唑	1	1	1	1	1	1	1	1	1
ATH	150	100	150	90	60	120	30	150	150
红磷	—	—	10	12	16	8	20	8	20
硅微粉	—	—	—	60	90	30	120	—	—
固化时间(105℃)/h	—	—	—	4	10	10	10	10	10
阻燃性能(UL 94)	V-0	V-0	V-0	V-0	V-0	V-0	V-0	V-0	V-0

Ⅱ/份

配方及性能	序号					
	1	2	3	4	5	6
环氧树脂	100	100	100	100	100	100
ATH	50	60	70	58	60	70
红磷	30	20	10	5	5	5
氧化锆	2	5	4	3	3.5	3.5
三亚乙基四胺	10	10	10	10	10	10

Ⅲ/份

配方及性能	序号			
	1	2	3	4
双酚 A 型环氧树脂	100	90	90	90
单环氧化合物	10	10	10	10
甲基四氢苯酐	80	80	80	80
苄基二甲胺	1	1	1	1
红磷	12	16	8	20

续表

配方及性能	序号			
Ⅲ/份	1	2	3	4
ATH	90	60	120	30
硅石粉	60	90	30	120
硅烷偶联剂	1	1	1	1

表 1-20 以红磷及 ATH 阻燃不饱和聚酯的配方

Ⅰ/份

配方及性能	序号									
	1	2	3	4	5	6	7	8	9	10
不饱和聚酯	100	100	100	100	100	100	100	100	100	100
ATH	50	60	70	58	60	70	70	65	60	100
红磷	30	20	10	5	5	5	3	7	5	7
氧化锆	2	5	4	3	3.5	3.5	3	5	10	4

Ⅱ/份

配方及性能	序号									
	1	2	3	4	5	6	7	8	9	10
不饱和聚酯	100	100	100	100	100	100	100	100	100	100
ATH	50	60	70	58	60	70	70	65	60	100
红磷	30	20	10	5	5	5	3	7	5	7
Sb_2O_3	3	3.5	4	3	3.5	3.5	3	5	7	4
阻燃性能(UL 94)	V-2	V-1	V-0	V-1	V-0	V-0	V-0	V-0	V-2	V-0

(4) 聚磷酸铵阻燃剂 聚磷酸铵又称多聚磷酸铵或缩聚磷酸铵（简称 APP）。聚磷酸铵无毒、无味，不产生腐蚀气体，吸湿性小，热稳定性高，是一种性能优良的非卤阻燃剂。但是也存在相应缺点，由于目前工艺聚合度较小所以具有较大的吸湿性，并且对工程塑料的力学性能影响很大。

① 性能 聚磷酸铵的通式为$(NH_4)_{n+2}P_nO_{3n+1}$，当 n 足够大时，可写为$(NH_4PO_3)_n$，其结构式为：

$$NH_4O-\overset{\overset{O}{\|}}{\underset{\underset{ONH_4}{|}}{P}}-O-\left(\overset{\overset{O}{\|}}{\underset{\underset{ONH_4}{|}}{P}}-O\right)_{n-2}\overset{\overset{O}{\|}}{\underset{\underset{ONH_4}{|}}{P}}-ONH_4$$

当 $n=10\sim20$ 时为短链 APP，其分子量为 1000～2000；当 $n>20$ 时为长链 APP，分子量在 2000 以上。

APP 为白色（结晶或无定形）粉末，系无分支的长链聚合物。常用结晶态的 APP 为水不溶性长链聚磷酸铵盐，有Ⅰ～Ⅴ五种变体。它含磷、氮量高，并且磷-氮间可以产生协同效应，阻燃效果很好。它的热稳定性好，分解温度高于 250℃，分解时释放出氨气和水蒸气并生成磷酸，约 750℃时才全部分解。产品的水溶性低，吸潮性小；细度可达 300 目以上，因而分散性好；产品接近中性，化学稳定性好，可与其他任何物质混合而不起化学变化。APP的毒性低（$LD_{50}\geqslant 10g/kg$），因而使用安全。

一般工业APP在水中的溶解度为1.3g/100mL（15℃）或3.0g/100mL（25℃），即其溶解度随着温度的上升而迅速增加。其吸湿性随着聚合度的增加而降低。在25℃、相对湿度大于75%的空气中放置7d后，其吸湿量小于10%。

APP还可以发生水解，水解的速率随粒径、温度及pH值的变化而变化。温度升高、pH值降低时，水解速率加快；粒径由1mm增至3mm时，水解速率降至1/2～1/3。15% APP水溶液的水解速率见表1-21。

表1-21　15%APP水溶液的水解速率

项　　目		速率常数/min^{-1}
60℃	pH=4.5	4.9×10^{-5}
	pH=6.0	2.6×10^{-6}
100℃	pH=4.5	5.5×10^{-4}
	pH=6.0	3.3×10^{-5}

APP的氨蒸气分压 p(Pa) 和温度 T(K) 的关系如下：

$$\lg p=10.3319-\frac{3230}{T}$$

在350℃以下，APP上面的水蒸气压力很小，可以把氨分压近似地看作是总压力。在某一温度下，如果APP上的氨分压低于上式的计算值时，APP将发生分解：

$$(NH_4)_{n+2}P_nO_{3n+1}\longrightarrow H_3PO_4+NH_3\uparrow+H_2O$$

热分析结果表明：APP在300℃时有一个吸热峰，并开始失重；400℃时出现最大吸热峰；750℃时全部分解，剩余6%～7%的残渣。

APP的技术指标见表1-22。

表1-22　APP的技术指标

项　目		指　　标		
		优级品	一级品	合格品
五氧化二磷（P_2O_5）含量/%	≥	65	65	65
氮（N）含量/%	≥	12	12	12
平均聚合度		30	30	20
溶解性/（g/100mL H_2O）	≤	2	2	2
细度（筛余量）/%	≤	5(325目)	5(250目)	5(250目)

② 阻燃机理　聚磷酸铵的阻燃机理是：聚磷酸铵受热时脱水生成聚磷酸，聚磷酸由于具有强烈的脱水性能可以促使高聚物材料发生表面炭化，加上生成的非挥发性的磷的氧化物和聚磷酸覆盖在基材表面，可以隔绝热量和氧气，从而有效地抑制明火的发生；而且聚磷酸铵受热分解时生成的氨气和水蒸气还可以稀释高聚物受热分解生成的可燃性气体的浓度并降低氧气的浓度，因而对燃烧具有很好的抑制作用。

当APP与炭化剂（如季戊四醇）、发泡剂（如三聚氰胺）并用组成膨胀阻燃体系时，遇火发生受热分解时首先生成磷酸。在300℃以上时磷酸极不稳定，进一步脱水生成聚磷酸或聚偏磷酸，将促使炭化剂脱水炭化、发泡剂分解释放出不燃性气体，从而形成蜂窝状的隔氧绝热的炭化层，表现出显著的阻燃效果。炭化层覆盖于高聚物材料表面，可以隔绝氧气，使燃烧窒息，而且其导热性差，能够阻止火焰向内部的蔓延；分解释放出水蒸气、氨、氯化氢等不燃性气体的过程，能够降低燃烧区域的温度，并且释放的气体可以稀释空气中的氧浓度，从而有效地实现阻燃作用。

③ 应用　短链 APP 可用在纤维素类织物、纸张、木材以及涤纶等大多数合成纤维织物的阻燃处理中。但由于短链 APP 具有水溶性，常易引发较强的吸湿性，使得被处理的织物有潮感、被处理的木材在高湿度环境下有返潮和喷霜现象发生，并对木材使用的聚醋酸乙烯酯类胶黏剂的黏结性能有影响。

长链高分子量的 APP 则由于分解温度高、热稳定性好、吸湿性小、pH 值接近中性等优点，可与其他化学物质稳定地混合，并获得均匀良好的外观，因而用途十分广泛。它可以添加在塑料、橡胶、纤维、纸浆和纤维板中制成各种阻燃制品，也可以用于涂料、胶黏剂的阻燃化改性中，还可以作为干粉灭火剂用于森林、煤田、油田等大面积火灾的扑灭。除此之外，APP 的另一个重要用途是作为酸源，与碳源和气源并用，组成膨胀型阻燃体系或用于生产膨胀型防火涂料。

当 APP 的聚合度 $n<20$ 时，在水中的溶解度约为 10～30g/100g H_2O(20℃时)，是最佳的木材浸渍处理剂。常压下浸渍马尾松、红松等木料，吸收药剂量为 25～30kg/m^3 时，木材的氧指数可达 30%以上。若用分散剂和乳化剂等助剂把氢氧化铝等阻燃剂和 APP 混合配成水溶液或水乳液处理木材时，阻燃效果更好。

在实际应用时，APP 常与其他阻燃剂并用，以获得协同的阻燃效果。常见的并用体系如：APP+$Mg(OH)_2$，APP+$Al(OH)_3$，APP+尿素，APP+Sb_2O_3等。

APP 的阻燃配方示例如下。

a. 阻燃塑料制品

ⅰ. 聚乙烯配方　聚乙烯 100 份，聚磷酸铵 10～20 份，含氯 70%的氯化聚乙烯 10 份。

在 190℃的双辊筒炼塑机中进行混炼，用挤出机制成 12.7cm×12.7cm×0.7cm 的试条，按 ASTM D635-56T 进行耐燃试验，燃烧时间 0s，无滴落。

ⅱ. 聚丙烯

（ⅰ）配方Ⅰ：聚丙烯 75 份，聚磷酸铵 15 份，三聚氰胺 5 份，三（2-羟乙基）异氰脲酸酯 5 份。

阻燃性能可达（UL 94）V-0 级，氧指数为 30.4%。

（ⅱ）配方Ⅱ：聚丙烯 70 份，聚磷酸铵 15 份，尼龙 610 份，三聚氰胺 5 份。

阻燃性能可达（UL 94）V-0 级（3.2mm），氧指数为 29.0%。

ⅲ. 聚氨酯泡沫

（ⅰ）配方Ⅰ：聚醚型多元醇 50 份，聚磷酸铵 10 份，N,N-二甲基环己胺 0.6 份，有机硅消泡剂 0.48 份，一氟三氯甲烷 10 份，水 0.4 份，4,4′-二苯基甲烷二异氰酸酯 60.4 份。

混合后发泡可得到阻燃型聚氨酯泡沫。

（ⅱ）配方Ⅱ：表面活性剂 0.35 份，聚磷酸铵 20 份，氢氧化铝 50 份，淀粉 20 份，水 100 份。

混合后在 25℃时加入到 100 份聚乙二醇-TDI-三羟甲基丙烷共聚物中，发泡后得到阻燃聚氨酯泡沫，氧指数高达 36.3%。

ⅳ. 酚醛树脂　配方：酚醛树脂 100 份，聚乙二醇 2 份，聚磷酸铵 10 份，AC 发泡剂 10 份，羟基苯磺酸 20 份。

据此配方制得的酚醛泡沫塑料的氧指数可达52%，未加APP的为40%。

b. 阻燃橡胶制品　配方：3-氯-1,3-丁二烯橡胶100份，聚磷酸铵51份，三聚氰胺48份，双季戊四醇33份，氢氧化铝67份。

制得的橡胶氧指数为27.0%～27.5%，发烟量可比未经阻燃的材料减少46%。

c. 难燃板材、纸张、纤维

ⅰ. 刨花板　配方：木屑（或碎木片）100份，聚磷酸铵50份，双季戊四醇12份，氢氧化铝8份，55%甲醛-三聚氰胺-尿素共聚物40份。

按此配方热压制得的板材离火后立即自熄，燃烧时间为0s。

ⅱ. 纤维板　配方：木纤维浆液浓度1%，聚磷酸铵浆液浓度20%～25%，硫酸铝适量。

制成湿板后继续热压，温度在180℃左右、压力4.9MPa，加压10min，再经150℃、3h加热机烘干得到的板材，阻燃性能可达到JIS-A 1321标准的难燃3级。

ⅲ. 纸张　配方：聚磷酸铵25份，水975份。

加热至75℃，搅拌1h后得到半透明的溶液用于浸泡纸张，并于80℃干燥。含APP 4.3%的纸即为自熄纸。

ⅳ. 织物　配方：聚磷酸铵45份，水55份。

将此配方中的聚磷酸铵均匀分散于水中制得浆状水溶液后用于阻燃织物（如棉、涤棉、醋酸纤维、黏胶纤维、尼龙等），可获得良好的阻燃效果。常用水将其稀释至固含量为15%～25%后使用。

d. 防火涂料

ⅰ. 配方Ⅰ　聚磷酸铵22份，季戊四醇16份，三聚氰胺11份，三聚氰胺-脲醛树脂15份，聚醋酸乙烯乳液5份，水30.5份，消泡剂0.5份。

配得的水乳状膨胀防火涂料涂刷在三合板上，热压可制成阻燃胶合板。

ⅱ. 配方Ⅱ　聚磷酸铵20份，季戊四醇10份，三聚氰胺-尿素树脂20份，氟硅酸钠（或细硅砂）50份，水30份。

将上述配料混合10min可得发泡防火涂料。以40g涂料涂刷在22cm×22cm×5.5mm的胶合板上，于120℃烘干10min可得膨胀防火涂层。

ⅲ. 配方Ⅲ　聚磷酸铵28.4份，双季戊四醇8.2份，三聚氰胺8.8份，氯化石蜡8.7份，甲基苯乙烯丁二烯树脂7.1份，钛白粉6.4份，有机溶剂32.4份。

按此配方配制的溶剂型防火涂料，涂层遇火膨胀，可形成蜂窝状的隔热层。

ⅳ. 配方Ⅳ　聚磷酸铵25份，氢氧化铝30份，酚醛树脂纤维3份，二亚硝基亚戊基四胺3份，40%丙烯酸乳液65份，水20份。

将混合制得的水性膨胀防火涂料涂在PVC电缆包皮上（涂层厚3.5mm），干燥7d后，电缆可在700℃下经受25min的考验而不发生起火和燃烧。

ⅴ. 配方Ⅴ　聚磷酸铵40份，双氰胺20份，季戊四醇20份，碱式碳酸镁10份，乙烯-醋酸乙烯-氯乙烯三元共聚物100份，硬脂酸钙5份。

将制得的涂料涂在聚氯乙烯电缆包皮上，涂层厚1mm时即可使电缆具有自熄性。

ⅵ. 配方Ⅵ　聚磷酸铵60份，季戊四醇20份，三聚氰胺8份，钛白粉5份，氢氧化铝10份，丙烯酸酯树脂100份，有机溶剂40份。

将上述配方制得的溶剂型防火涂料涂于五合板上，按《饰面型防火涂料》（GB 12441—2005）进行大板法试验，其耐燃时间可达39min。

（5）硼系阻燃剂　硼系阻燃剂也是使用较早的阻燃剂之一，在无机阻燃剂中占有重要地位。它们具有毒性低、热稳定性好、价格低廉的特点。当与其他阻燃剂复配时不仅表现出良好的阻燃效果，而且还可以明显减少被阻燃高聚物燃烧时的生烟量，因而得到了广泛的应用。在硼系阻燃剂中，加热时形成玻璃状涂层覆盖于聚合物之上。硼酸锌通常与其他阻燃剂复配使用，可以获得优异的阻燃和抑烟效果。

阻燃剂要达到阻燃目的，必须从以下几个方面考虑：

a. 能够降低着火物温度；

b. 能够隔绝空气；

c. 能够捕捉活性极大的 HO·，阻止火焰扩展。

硼酸锌阻燃剂正是具备了上述三方面的特性及功能，所以具有良好的阻燃效果。

① 性能　根据分子内含结晶水的多少和锌/硼比的不同，硼酸锌可有 20 多个品种，但它们都符合通式 $x\mathrm{ZnO}\cdot y\mathrm{B_2O_3}\cdot z\mathrm{H_2O}$。目前工业上使用最广泛的是 $\mathrm{2ZnO\cdot 3B_2O_3\cdot 3.5H_2O}$ 和 $\mathrm{2ZnO\cdot 3B_2O_3\cdot 7H_2O}$，前者的分子量为 434.66，后者为 497.72。

我国生产的硼酸锌阻燃剂主要为 $\mathrm{2ZnO\cdot 3B_2O_3\cdot 3.5H_2O}$，简称 ZB，也常被称为 FB 阻燃剂。它是一种白色的结晶粉末，熔点为 980℃，密度为 2.8g/cm^3，折射率为 1.58，300℃以上才开始失去结晶水，因此可应用于成型加工温度较高的高聚物系统；它不溶于水和一般的有机溶剂，可溶于氨水形成络盐；它的粒度较细，平均粒径为 2～10μm，筛余量为 1%（320 目）；毒性为 LD_{50}＞10000mg/kg（大鼠口服），并且没有吸入毒性和接触毒性，对皮肤不产生刺激，也没有腐蚀性。其化学组成为：ZnO 37%～40%、$\mathrm{B_2O_3}$ 45%～49%、$\mathrm{H_2O}$ 13.5%～15.5%，含水量≤1%。

② 应用

a. 硼酸锌的优点　硼酸锌是一种高流动性的微细结晶粉末，在使用时不需要特殊的处理就能很容易地分散在各类树脂中。作为一种多功能添加剂，硼酸锌具有下述优点。

ⅰ. 具有阻燃或阻燃增效作用　在大多数含卤环氧树脂体系中，硼酸锌与三氧化二锑间具有协同效应；在某些含卤不饱和聚酯体系中，硼酸锌与三氧化二锑和氢氧化铝都可以产生阻燃协同作用。在很多阻燃体系中以硼酸锌替代三氧化二锑，都可以降低材料的成本和毒性，但却不会降低材料的阻燃性能。

ⅱ. 抑烟　以硼酸锌替代三氧化二锑时，可使某些含卤聚酯的生烟量减少 40%，使某些含卤环氧树脂的生烟量大幅度降低。

ⅲ. 促进炭层的形成　硼酸锌有助于在材料燃烧时生成多孔的炭层并使炭层稳定。此外，在高聚物的燃烧温度下，硼酸锌还可与氢氧化铝生成类似于陶瓷的硬质多孔残渣。这都有利于隔绝热量和阻止空气扩散到材料内部。

ⅳ. 抑制阴燃和防止熔滴生成　在很多高聚物中，硼酸锌都不仅可以起到抑制阴燃的作用，而且还可以减少高温熔滴的生成。在建筑火灾中，高温熔滴通常都是危险的引火源。

ⅴ. 低毒　通常认为硼酸锌基本上是无毒的，不刺激皮肤和眼睛，无腐蚀性。

ⅵ. 价廉　硼酸锌的售价通常只有三氧化二锑的 1/3，并且密度仅是三氧化二锑的 1/2，因此如以体积论，硼酸锌的价格约合三氧化二锑的 1/6。

ⅶ. 透明性　硼酸锌的折射率恰好在大多数高聚物材料的折射率范围之内，因而将其用于树脂层压板时，可较好地保持板材的透明度。

ⅷ. 不易沉淀　由于硼酸锌的晶体密度远低于三氧化二锑，故配料时所需的能量小，在分散体系中也不易沉淀。

ⅸ. 其他　硼酸锌比三氧化二锑容易润湿，具有抗电弧性能，可促进金属与树脂的黏合，还能赋予材料抗菌性，并且硼酸锌对很多高聚物的强度、伸长率及热老化性能均无不良影响。

b. 硼酸锌的应用实例　在实际应用中，硼酸锌常与其他阻燃剂并用以发挥阻燃协效作用和抑烟功能。它一般和三氧化二锑［FB∶Sb_2O_3＝(1∶1)～(3∶1)］复合加入到聚氯乙烯、氯丁胶、卤化聚酯、氯化聚乙烯等含卤高聚物中，或与卤系阻燃剂一起应用于阻燃非卤高聚物。在含氯15%～20%或含溴10%～15%的树脂体系中，硼酸锌的建议用量为：每100份树脂加1.5～5份硼酸锌、1.5份三氧化二锑或每100份树脂加4～5份硼酸锌、10～15份氢氧化铝。

除含卤高聚物外，硼酸锌还可广泛应用于阻燃聚乙烯、聚丙烯、聚苯乙烯、聚酯、聚酰胺、聚碳酸酯、环氧树脂、丙烯酸酯等高聚物材料。在硅橡胶中，单一的硼酸锌也具有优异的阻燃性能。

下面简略叙述硼酸锌的阻燃应用实例。

ⅰ. 聚乙烯　配方：聚乙烯70～75份，十溴二苯醚15～20份，三氧化二锑5份，硼酸锌5份，抗氧剂0.3份。

按此配方制成的塑料氧指数可达27%（未阻燃聚乙烯的氧指数为18%左右）。

ⅱ. 聚丙烯

（ⅰ）配方Ⅰ：聚丙烯55份，全氯戊环癸烷25份，三氧化二锑5份，硼酸锌5份，滑石粉10份，稳定剂0.8份。

按此配方制成的塑料的性能为：阻燃性能达（UL 94）V-0级（150℃、30d后性能不变）；在60℃和相对湿度100%下处理96h后，其介电常数为2.49F/m；导线直径为10^{-3}m时，击穿电压为600V，体积电阻为$10^{14}\Omega\cdot cm$。

（ⅱ）配方Ⅱ：聚丙烯100份，六溴环十二烷3份，三氧化二锑1份，硼酸锌1份，二异丙苯低聚物0.5份，稳定剂1份。

按此配方制得的阻燃聚丙烯的阻燃性能为（UL 94）V-0级，氧指数达32%以上，并且由于阻燃剂的用量少，对材料的物理力学性能无不良影响。

ⅲ. 聚氯乙烯

（ⅰ）配方Ⅰ：聚氯乙烯100份，癸二酸二辛酯50份，三氧化二锑12份，硼酸锌15份，三盐基性硫酸铅5份，硬脂酸铅1份。

此为阻燃软质聚氯乙烯配方。按此配方制成的塑料的性能为：拉伸强度18.2MPa；断裂伸长率278%；耐寒性为－30℃不开裂；氧指数为32%～34%；燃烧性能为（UL 94）V-0。此配方可用作PVC电线、电缆护套材料，阻燃性能优良且加工性能好、成品的表面光洁性好。

（ⅱ）配方Ⅱ：聚氯乙烯100份，邻苯二甲酸二异癸酯52份，三氧化二锑3.5份，硼酸锌3.5份，氯化石蜡30份，二茂铁（消烟剂）0.5份。

此为阻燃聚氯乙烯泡沫塑料配方。按此配方制得的阻燃聚氯乙烯泡沫塑料具有高的阻燃性能，氧指数可达38%～39%。

ⅳ. 聚苯乙烯

（ⅰ）配方Ⅰ：聚苯乙烯100份，四溴双酚A(2,3-二溴丙基酯) 10～15份，三氧化二锑5份，硼酸锌5份。

制品的氧指数可达32%以上。

（ⅱ）配方Ⅱ：聚苯乙烯100份，氯化环戊二烯20份，硼酸锌3.35份，三氧化二锑3.35份。

按此配方制成的制品氧指数可达38%。

ⅴ. 聚酯 配方：聚对苯二甲酸二丁酯 100 份，溴化环氧树脂（含溴 52%）28.6 份，玻璃纤维 61.2 份，硼酸锌 10.2 份，三氧化二锑 4.1 份。

按此配方制成的塑料拉伸强度为 122.5MPa，冲击强度为 0.672J/cm^2，1.6mm 厚试片的续燃时间为 0s。

ⅵ. 不饱和聚酯玻璃钢 配方：不饱和聚酯 100 份，过氧化环己酮 2 份，环烷酸钴 1.5 份，FR-2 阻燃剂 15 份，三氧化二锑 5 份，硼酸锌 10 份，过氧化物 0.5 份，玻璃布 100 份。

按此配方制成的不饱和聚酯玻璃钢的阻燃性能良好，续燃时间为 0s。

ⅶ. 聚酰胺 配方：尼龙 66 45.5%，全氯戊环癸烷 10%，三氧化二锑 1%，硼酸锌 15%，硬脂酸锌 0.5%，玻璃纤维 28%。

按此配方制成的制品击穿电压为 47kV，拉伸强度为 137MPa，阻燃性能为（UL 94）V-0 级。

ⅷ. 氯丁橡胶

（ⅰ）配方Ⅰ：氯丁橡胶 100 份，硬脂酸 0.5 份，Na-22 促进剂 0.5 份，防老剂 1 份，氧化镁 4 份，氧化锌 5 份，氯化石蜡 5 份，磷酸三甲苯酯 2.5 份，陶土 45 份，硼酸锌 17.5 份，三氧化二锑 17.5 份。

将上述物料放入混炼机中经充分混炼后于 160℃硫化，所得制品的氧指数为 46%；物理力学性能：300%的定伸强度为 3.03MPa，拉伸强度为 15.78MPa，伸长率为 778%，扯断永久变形为 52%，邵氏硬度 64。经 70℃、144h 老化后相应的物理力学性能分别为 3.18MPa、14.01MPa、742%、42%和 66，老化系数为 0.836。此配方可用作橡胶运输带、密封圈等。

（ⅱ）配方Ⅱ：氯丁橡胶 100 份，氧化锌 5 份，氧化镁 4 份，氢氧化铝 100 份，硼酸锌 15 份，三氧化二锑 10 份，陶土 70 份，碳酸钙 30 份，抗氧剂 2 份，稳定剂 5 份，硫化剂 5 份，TBC 5 份。

将上述物料放入混炼机中经充分混炼后于 160℃进行硫化，所得试片的自熄时间为 0s，可用作电缆护套材料。

c. 硼酸锌的抑烟性能 下面以软质聚氯乙烯为例说明硼酸锌的抑烟作用。

在以 Sb_2O_3 阻燃的软质 PVC（以 DOP 为增塑剂）中，以 50%的硼酸锌代替 Sb_2O_3，以 NITS 烟箱测定材料的比光密度显著下降，但材料氧指数的变化很小。单一的硼酸锌也能抑烟，但不起阻燃作用，结果见表 1-23。

表 1-23 硼酸锌对以 DOP 增塑的 PVC① 的抑烟及阻燃作用

添加剂及用量/(份/100 份 PVC)	D_m②	氧指数/%
无	337	24.6
3(Sb_2O_3)	438	27.8
2(Firebrake ZB)	257(41)③	24.7
1.5(Sb_2O_3)+1.5(Firebrake ZB)	343(22)③	27.1
6(Sb_2O_3)	465	28.2
3(Sb_2O_3)+3(Firebrake ZB)	438(6)③	28.4

① 此软质 PVC 为每 100 份含 50 份 DOP 及稳定剂和其他添加剂。

② 为明燃最大比光密度。

③ 括号内的数值为比光密度降低的百分数。

表 1-23 的数据表明，在每 100 份以 3 份 Sb_2O_3阻燃的软质 PVC 中，如以 1.5 份硼酸锌代替 1.5 份 Sb_2O_3，材料的最大比光密度可下降 22%，即比光密度值与未阻燃的 PVC 几乎相同，而材料的氧指数只降低 0.7%。如将 3 份 Sb_2O_3全部用硼酸锌取代，材料的最大比光密度可下降 41%，即比未阻燃 PVC 的烟密度还低 24%，但材料的氧指数基本没有增加。这说明单一的硼酸锌对以 DOP 增塑的软质 PVC 无阻燃作用。

对以 DOP 及磷酸酯两者增塑的软质 PVC 来说，硼酸锌的抑烟和阻燃功能不受影响，结果见表 1-24。

表 1-24　硼酸锌对以 DOP 及磷酸酯两者增塑的软质 PVC① 的抑烟及阻燃作用

添加剂及用量/(份/100 份 PVC)	D_m②	D_s④	氧指数/%
无	—	—	25.7
6.2(Sb_2O_3)	295	291	31.8
6.2(Firebrake ZB)	—	—	26.5
2.1(Sb_2O_3)+4.1(Firebrake ZB)	213(28)③	241(26)	29.6

① 材料配方(份):PVC 100,磷酸二苯异癸酯 20,DOP 26,$CaCO_3$ 41,硬脂酸 0.3,TiO_2 16,Ba/Cd/Zn 稳定剂 3,其他添加剂适量。

② 明燃最大比光密度。

③ 括号内的数值为比光密度下降的百分数。

④ 明燃 4min 时的比光密度。

对仅以磷酸酯增塑的软质 PVC 来说，当 100 份 PVC 中加入硼酸锌的量由 0.5 份增加到 5 份时，不仅材料的比光密度大为下降，而且材料的氧指数也随硼酸锌用量的增加而升高(见表 1-25 及图 1-6)。这说明此时单一的硼酸锌可同时具有抑烟及阻燃作用。

表 1-25　硼酸锌对以磷酸酯增塑的软质 PVC 的抑烟及阻燃作用

配方及性能	序号			
	1	2	3	4
PVC/份	100	100	100	100
磷酸酯/份	50	50	50	50
Firebrake ZB/份	0.5	1	2	5
稳定剂/份	2.5	2.5	2.5	2.5
D_m(阴燃)	92	79	71	60
氧指数/%	30.6	30.9	31.2	32.1

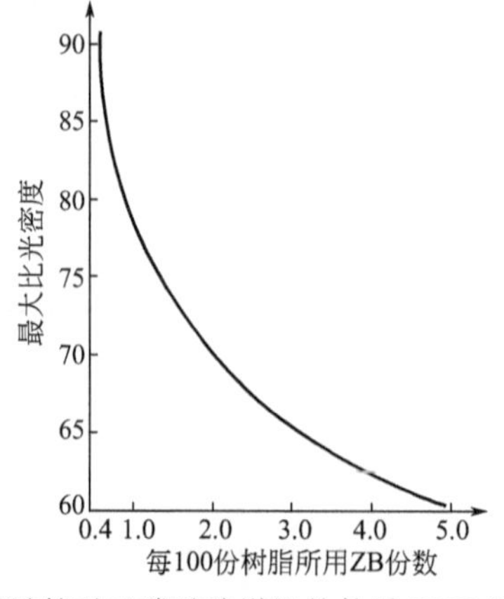

图 1-6　硼酸锌对以磷酸酯增塑的软质 PVC 的抑烟作用

表 1-26 列出了含硼酸锌的低烟软质 PVC 电线、电缆包覆料的配方和性能。

表 1-26 含硼酸锌的低烟软质 PVC 电线、电缆包覆料配方

配方及性能	序号		
	1	2	3
PVC/份	100	100	100
DOP/份	50	—	—
聚酯-W2310/份	—	55	45
Sb_2O_3/份	—	10	10
Firebrake ZB/份	—	10	10
氢氧化铝/份	—	40	50
二碱式硫酸铅/份	1	1	1
Ba/Zn 稳定剂/份	—	5	—
三碱式硫酸铅/份	5	—	4
环氧油/份	—	2	2
氧指数/%	27.6	42.1	47.4
比光密度(C_{smax})①	5.2	0.39	0.33

①$C_{smax}=(2.303/L)\times\lg(100/T)$，$L=0.5$m。

(6) 锑系阻燃剂 锑系阻燃剂是最重要的无机阻燃剂之一，单独使用时几乎不起阻燃作用（被阻燃的高聚物中含有卤素时除外）。但将它与卤系阻燃剂混合使用时可获得很好的阻燃协同作用，从而大大减少了卤系阻燃剂的用量。因此，严格地说锑系阻燃剂是一类助阻燃剂。实验发现，锑与卤素的阻燃协同作用有一最佳比值，处于最佳比值时阻燃效果最好。这个最佳比值随被阻燃的高聚物材料的不同而不同，随阻燃剂卤化物的不同而不同。如对于聚乙烯来说，用氯化物作阻燃剂时，氯、锑物质的量比为 3∶1 时阻燃效果最佳；用溴化物作阻燃剂时，溴、锑物质的量比为 11∶1 时阻燃效果最佳。

锑系阻燃剂的主要品种有三氧化二锑、胶体五氧化二锑和锑酸钠。其中最重要和应用最广泛的是三氧化二锑，它几乎是所有卤系阻燃剂不可缺少的协效剂。

① 三氧化二锑

a. 性能 固体三氧化二锑的分子式为 Sb_2O_3，简称 ATO。其相对分子质量为 291.60，理论锑含量为 83.54%。三氧化二锑为白色结晶，受热时呈黄色，冷后又变白色。它有两种结晶型态，一种是立方晶型（稳定型），另一种为斜方晶型，在自然界中分别以方锑矿及锑矿的形式存在。立方晶型的三氧化二锑由单个的 Sb_4O_6 组成，而斜方晶型的三氧化二锑则是由无限重复的链节组成的。Sb_2O_3 的晶型结构如图 1-7 所示。

两种晶型的三氧化二锑在密度及折射率上略有差异。立方晶型的密度及折射率分别为 5.2g/cm³ 和 2.087，斜方晶型的分别为 5.67g/cm³ 和 2.180。其他物理性质为：熔点 656℃，沸点 1425℃，熔化热 54.4～55.3kJ/mol，蒸发热为 36.3～37.2kJ/mol，标准生成焓为 −692.5kJ/mol。从溶解性来看，它不溶于水和乙醇，可溶于浓盐酸、浓硫酸、浓碱、草酸、酒石酸和发烟硝酸，是一种两性化合物。国

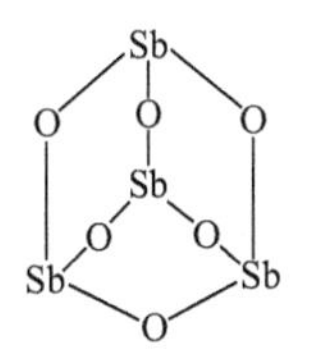

(a) 立方晶型

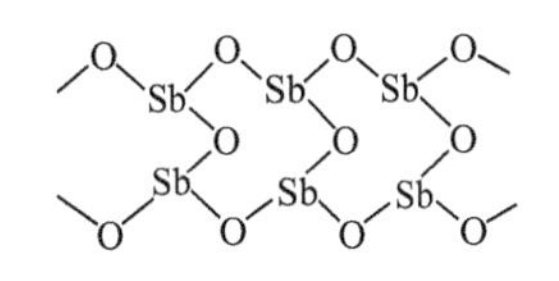

(b) 斜方晶型

图 1-7 Sb_2O_3 的晶体结构

产三氧化二锑的技术指标要求见表1-27。

表1-27 三氧化二锑的化学成分及品级规定

<table>
<tr><td colspan="3">牌 号</td><td>0级三氧化二锑</td><td>1级三氧化二锑</td><td>2级三氧化二锑</td></tr>
<tr><td rowspan="5">化学成分</td><td colspan="2">三氧化二锑/% ≥</td><td>99.50</td><td>99.00</td><td>98.00</td></tr>
<tr><td colspan="2">三氧化二砷/% ≤</td><td>0.06</td><td>0.12</td><td>0.30</td></tr>
<tr><td colspan="2">氧化铅/% ≤</td><td>0.12</td><td>0.20</td><td>—</td></tr>
<tr><td colspan="2">硫/% ≤</td><td>—</td><td>—</td><td>0.15</td></tr>
<tr><td colspan="2">杂质总和/% ≤</td><td>0.50</td><td>—</td><td>—</td></tr>
<tr><td rowspan="3">物理性能</td><td colspan="2">颜色</td><td>纯白</td><td>白色</td><td>白色(可带微红)</td></tr>
<tr><td rowspan="2">细度</td><td>325目筛筛余物/% ≤</td><td>0.1</td><td>0.5</td><td>—</td></tr>
<tr><td>100目筛</td><td>—</td><td>—</td><td>全通过</td></tr>
</table>

各种工业级三氧化二锑的阻燃作用几乎是相同的，但由于它们的粒度不同引起色调和着色力的差异很大。一般来讲，三氧化二锑可分为高色调强度和低色调强度两大类，前者的平均粒径为1.3～1.5μm，后者的粒径为2.5～3.5μm。痕量的杂质就会影响三氧化二锑的颜色，由于三氧化二锑的覆盖力很强，阻燃制品的颜色会因之而改变，所以使用时必须控制产品的颜色。

工业三氧化二锑的主要物理性能见表1-28。

表1-28 工业三氧化二锑的主要物理性能

性 能	高色调强度	低色调强度
密度/(g/cm³)	5.3～5.8	5.3～5.8
平均粒径/μm	0.8～1.8	0.9～2.5
325目筛筛余物量/%	0.001～0.1	0.001～0.8
折射率	2.087	—
吸油量/(g/100g)	9～12	9～12

实践证明，三氧化二锑的颗粒大小和均匀性对被阻燃高聚物材料的冲击性能影响较大，特别是对阻燃纤维的可纺性和拉伸强度有较大的影响。目前用于阻燃各类塑料的普通三氧化二锑的平均粒径一般为1～2μm，可用于阻燃纤维的超细三氧化二锑的平均粒径在0.3μm左右，而超微细的三氧化二锑的平均粒径则可低至0.03μm。

现将各种国产超细和干粉状无尘三氧化二锑的技术规格分别列于表1-29和表1-30。

表1-29 超细三氧化二锑的技术规格

<table>
<tr><td colspan="2" rowspan="2">组成及性能</td><td colspan="2">指 标</td></tr>
<tr><td>一级 F Sb_2O_3 X-1</td><td>二级 F Sb_2O_3 X-2</td></tr>
<tr><td rowspan="6">化学组成/%</td><td>Sb_2O_3</td><td>≥99.55</td><td>≥99.55</td></tr>
<tr><td>As_2O_3</td><td>≤0.05</td><td>≤0.05</td></tr>
<tr><td>PbO</td><td>≤0.10</td><td>≤0.10</td></tr>
<tr><td>S_2O_3</td><td>≤0.006</td><td>≤0.006</td></tr>
<tr><td>酒石酸矿溶物</td><td>≤0.30</td><td>≤0.30</td></tr>
<tr><td>杂质总和</td><td>≤0.45</td><td>≤0.45</td></tr>
</table>

续表

组成及性能		指　标	
		一级 F Sb_2O_3 X-1	二级 F Sb_2O_3 X-2
性能	比表面积/(cm^2/g)	42500	35500
	白度	92.50	92.50

表 1-30　干粉状无尘三氧化二锑（ACP930）的技术规格

组成及性能		指　标
化学组成/%	Sb_2O_3	≥92
	As_2O_3	≤0.06
	PbO	≤0.15
	Fe_2O_3	≤0.005
	卤素阻燃剂	≤6.60
	有效助剂	≤0.70
	杂质总和	≤0.50
性能	平均粒径/μm	0.5～3
	物理水含量/%	≤0.05
	150 目筛上筛余物/%	≤0.006

b. 阻燃机理　通过对三氧化二锑-卤化物体系的作用机理进行研究，人们普遍认为该体系的阻燃作用主要是通过它们之间反应生成的三卤化锑来实现的。三卤化锑气体进入气相燃烧区，能够捕捉自由基，抑制燃烧链式反应的进行；密度较大的三卤化锑蒸气覆盖在高聚物材料表面，可以隔断氧气和热量；锑-卤阻燃体系还可以增加某些高聚物材料的成炭量，从而起到阻燃作用。

关于三氧化二锑的阻燃机理详见卤系阻燃剂阻燃机理。

c. 应用　三氧化二锑通常与卤系阻燃剂并用，利用其协效作用发挥阻燃效果（或单独用于含有卤素的高聚物中）。目前主要可用于聚烯烃、聚氯乙烯、环氧树脂和不饱和聚酯的阻燃，也可用于丙纶、涤纶及尼龙等合成纤维的熔融纺丝中。

ⅰ. 阻燃聚乙烯　配方：聚乙烯 85 份，三氧化二锑 7.5 份，氯化石蜡-70 7.5 份。

阻燃材料的氧指数为 24.0%，燃烧性能为（UL 94）V-2 级。

ⅱ. 阻燃聚丙烯　配方：聚丙烯 80 份，三氧化二锑 5 份，十溴二苯醚 10 份。

所得制品的氧指数为 27.0%，燃烧性能为（UL 94）V-0 级。

ⅲ. 阻燃聚氯乙烯　硬质聚氯乙烯树脂本身可作为一种阻燃剂使用。但软质聚氯乙烯则由于在加工时加入了大量的增塑剂而变得可燃了。在聚氯乙烯中含有阻燃元素氯，因此加入三氧化二锑能显著改善它的阻燃能力，通常在 100 份 PVC 树脂中加入 2～10 份的三氧化二锑即能起到阻燃作用。

表 1-31 为三氧化二锑含量与软质聚氯乙烯氧指数的关系（配方为：PVC 树脂 100 份，增塑剂 DOP 50 份，稳定剂 2.5 份）。

表 1-31　三氧化二锑含量与软质聚氯乙烯氧指数的关系

三氧化二锑含量/phr	氧指数/%
0	24.5
1	26.5
3	28.0
5	29.5

ⅳ. 阻燃聚苯乙烯

（ⅰ）配方Ⅰ：聚苯乙烯 85 份，三氧化二锑 5 份，十溴二苯醚 10 份。

所得制品的氧指数为 24.5%，燃烧性能为（UL 94）V-0 级。

（ⅱ）配方Ⅱ：聚苯乙烯 80 份，三氧化二锑 5 份，全氯戊环癸烷 15 份。

所得制品的氧指数为 24.5%，燃烧性能为（UL 94）V-1 级。

此外，高抗冲击聚苯乙烯（HIPS）中加入 12%～15%的芳香族溴或氯阻燃剂和 5%～6%的三氧化二锑，即可达到（UL 94）V-0 级。

ⅴ. 阻燃聚酯　一般来说，氯化聚酯中加入 5%的三氧化二锑即可取得阻燃效果；在未经氯化处理的聚酯中加入三氧化二锑和卤系阻燃剂的混合物，就可制得阻燃聚酯。

（ⅰ）配方Ⅰ：非卤化聚酯 83.3 份，三氧化二锑 4.2 份，氯化石蜡-70 12.5 份。

所得制品的氧指数为 27.0%，自熄时间为 11s。

（ⅱ）配方Ⅱ：非卤化聚酯 77.0 份，三氧化二锑 11.5 份，氯化石蜡-70 11.5 份。

所得制品的氧指数为 27.0%，自熄时间为 9s。

ⅵ. 阻燃纤维和织物

（ⅰ）浸染法。将卷在卷筒上的纤维浸入含有三氧化二锑的阻燃溶液中，然后再烘干除去水分和溶液。为了使织物获得耐久的阻燃性能，还必须在阻燃溶液中加入适量的黏合剂。经过上述处理，纤维能防火、防霉、耐烫、耐气候变化。这种方法也适用于处理棉帆布。

阻燃溶液配方：氯化石蜡-40 13%，黏合剂 7%，氯化石蜡-70 7%，颜料 9%，五氯苯酚 1%，碳酸钙 4%，有机溶剂 51%，三氧化二锑 7%。

（ⅱ）刷喷法。这种方法是将阻燃溶液涂刷或喷射在织物上。

阻燃溶液配方：氯化石蜡-50 10.7%，增塑剂 0.7%，羧甲基纤维素 2.8%，乳化剂 0.5%，三氧化二锑 10.7%，有机硅消泡剂 0.03%，聚氯乙烯乳胶（固含量 52%）44.2%，喹啉 2.6%，水 17.7%。

ⅶ. 阻燃纸　三氧化二锑和氯化物的复合阻燃剂，在纸张中能起到很好的阻燃作用。其添加量视用途而定，大约为 5%～25%。氯化物包括聚氯乙烯、氯化石蜡等，加工方法可分为以下几种：

（ⅰ）浸染。这种方法适用于生产牛皮纸，在纸浆中加入三氧化二锑和 PVC 树脂的乳浊液。一般以干纸张总质量为基础，加入 13%～14%的三氧化二锑和 5%～6%的氯化物。

（ⅱ）浸渗。这种方法可用于多孔吸收性好的纸张，且纸张的湿拉力必须经得住机械加工。阻燃液配方：85/15 氯乙烯/丙烯酸酯 25%，三氧化二锑 25%，增塑剂 5%，水 45%。

（ⅲ）纸表上胶法。这种方法适用于挂历、画刊等厚型纸，但乳胶型阻燃剂的质量不得超过纸张总质量的 20%。如阻燃级别要求高，可在打浆机内加一些三氧化二锑在纸张中，然后再用 PVC 树脂或聚氯乙烯（10%～12%）对纸张做表面处理。

ⅷ. 阻燃橡胶　一般橡胶中加入三氧化二锑和卤系阻燃剂可明显改善其燃烧性能。含卤素橡胶中只需加入一点三氧化二锑就可达到要求。

（ⅰ）配方Ⅰ：天然橡胶 100%，三氧化二锑 30%，填料 50%，氯化石蜡 30%。

（ⅱ）配方Ⅱ：氯丁橡胶 100%，三氧化二锑 10%～25%，硬脂酸 0.5%～1%，氧化镁 4%，白垩粉 40%～50%，硫化镁 10%，硼酸锌 2.5%～10%，氯化石蜡-42 15%，磷酸三甲苯 10%～15%，抗氧剂 2%，碳氢油 10%。

ⅸ. 阻燃涂料　不少涂料都可以通过使用三氧化二锑取代其中的一些色料和用氯化石蜡取代其中的染色剂而获得阻燃效果。

（ⅰ）配方Ⅰ：高油醇酸树脂和干燥剂 17.5%，氯化橡胶 8.7%，三氧化二锑 24.6%，钛白粉 8.2%，溶剂 41%。

（ⅱ）配方Ⅱ：氯化橡胶 29%，氯化石蜡 9.5%，钛白粉 16.5%，三氧化二锑 10%，溶剂 35%。

② 胶体五氧化二锑　五氧化二锑作为锑酸酐（Sb_2O_5）是否能单独存在目前尚无足够的证据。但就其组成可写为 $Sb_2O_5 \cdot nH_2O$，一般认为它相当于 $Sb_2O_5 \cdot 3.5H_2O$ 的五氧化二锑的水合物。

a. 性能　水合五氧化二锑基本上不溶于硝酸溶液，仅稍溶于水，但溶于氢氧化钾的水溶液中。此水合物加热至 700℃时脱水变为白色粉末。胶体五氧化二锑可以是水溶胶，也可以是干粉。

胶体五氧化二锑水溶胶及干粉的主要性能列于表 1-32。

表 1-32　胶体五氧化二锑水溶胶及干粉的主要性能

性能	指标	
	水溶胶	干粉
外观	白色乳液	白色流散性粉末
Sb_2O_5含量/%	约 30	约 92
密度/(g/cm³)	1.32	1.23～1.30(堆积密度)
黏度/(mPa·s)	约 10	—
平均粒径/μm	0.015～0.040	0.015～0.040(分散于水中)
稳定剂含量/%	—	约 5
稳定期/月	＞6	约 5

b. 应用　胶体五氧化二锑主要用于阻燃纤维和处理织物。以五氧化二锑代替三氧化二锑阻燃高聚物时可明显改善材料的物理力学性能。

ⅰ. 在阻燃维纶纺丝中的应用　维纶的阻燃改性一般以氯乙烯或偏氯乙烯为阻燃剂，并用三氧化二锑作增效剂。但是一般工业三氧化二锑的粒度大，容易引起喷丝头堵塞，为此必须将三氧化二锑进行研磨，既费时间又耗能源，而且还达不到理想的效果。而胶体五氧化二锑的水分散溶胶则能均匀并稳定地分散于纺丝浆液中，并能以极微小的颗粒渗透到纤维内部，获得理想的阻燃效果和耐洗牢度，阻燃织物的氧指数可达 30%。

ⅱ. 在织物阻燃整理中的应用　胶体五氧化二锑能均匀并稳定地分散在纺织浆液中，由于粒子微小，有极大的表面积，活性大，对织物的渗透力强，附着力高，因此耐洗牢度高而且不会影响织物的色泽。胶体五氧化二锑和有机溴化物的悬浮液（如六溴环十二烷、十溴联苯醚）复配可广泛应用于各种纤维织物的阻燃整理。如国际上通用的 Calibon FR/P-53 阻燃剂就是十溴联苯醚、胶体五氧化二锑、丙烯酸酯的混合物，可用于纯棉、涤-棉以及多种合成纤维织物的阻燃整理。尤其是胶体五氧化二锑和六溴环十二烷复配用于同浴染色/阻燃处理针织纯涤纶织物时，整理后的织物色泽好、手感好，阻燃性能优异。

ⅲ. 其他用途　干粉状胶体五氧化二锑还可用于PVC的阻燃，并可提高PVC制品的热稳定性和透明性。胶体五氧化二锑干粉用于丙纶的熔融纺丝也获得了良好的效果：纺丝性能良好、分散性好、所得织物的氧指数可达27%。

由此看来，胶体五氧化二锑作为三氧化二锑的一种精细产品在化纤、织物以及黏合剂方面具有很大的潜在市场，是一种很有前途的阻燃剂。

③ 锑酸钠

a. 性能　锑酸钠为四方晶系的白色晶体，分子中的锑原子被六个羟基以八面体结构包围起来。当加热到178.6℃时，锑酸钠开始失去部分结构水；在250℃恒温2h后，它失去绝大部分结构水而变为偏锑酸钠 $NaSbO_3 \cdot \frac{1}{2}H_2O$；在900℃恒温2h后，失去全部结构水而变成 $NaSbO_3$。

国产锑酸钠的技术规格见表1-33。

表1-33　国产锑酸钠的技术规格

性能及组成	指标	
	一级	二级
外观	白色结晶粉末	白色结晶粉末
平均粒径/μm	<150	<150
粒径分布	75～150μm占95%以上	75～150μm占95%以上
含水量/%	≤0.3	≤0.3
总锑含量(以 Sb_2O_3 计)/%	57.6～59.2	57.6～59.2
Sb_2O_5 含量/%	64.1～65.5	63.5～65.5
Na_2O 含量/%	12～13	12～13.5

b. 应用　锑酸钠在阻燃材料中的应用与三氧化二锑相似，也是作为卤系阻燃剂的增效剂使用。它还适用于那些不宜用三氧化二锑作增效剂的高聚物中。例如，锑酸钠可以用在聚碳酸酯（PC）和聚对苯二甲酸乙二醇酯（PET）中，而三氧化二锑在PC及PET中应用时会促使它们发生解聚反应。此外，锑酸钠的色调强度较三氧化二锑低，因此特别推荐将其用于需要深色调的配方中。

由于锑酸钠中的锑含量不如三氧化二锑高，因此在阻燃高聚物中的用量也相对略高。

（7）氮系阻燃剂　一般指有机含氮化合物。"是遇热能分解放出大量气体的发泡剂，如有机胺或酰胺类"。但从塑料、涂料、织物及橡胶等方面的阻燃效果来看，可参与复合形态的氮系阻燃剂主要是三聚氰胺、氰尿酸、双氰胺、硫脲、尿素及其衍生物。

氮系阻燃剂受热后，易放出 CO_2、NH_3、N_2、NO_2 及 H_2O 等气体，这些不易燃烧的气体阻断了氧的供应，从而实现阻燃。为此，氮系阻燃剂的阻燃机理是产生不可燃烧的气体进行阻燃的。因此，氮系阻燃剂本身即有阻燃性能，可单独使用。

① 主要性能　氮系阻燃剂大多是用作复合阻燃剂的品种之一，是由氮系阻燃剂优良的协同效应与独特性能决定的。

a. 与磷系阻燃剂合用协同效果很好　磷化物的阻燃机理主要是燃烧时，磷化物发生了一系列的热分解，即磷化物→磷酸→偏磷酸→聚偏磷酸，从而形成焦磷酸保护膜阻断了氧的供应。另一方面，其间所产生的偏磷酸与聚偏磷酸是强脱水剂，易使被保护的有机物脱水而发生炭化变成焦化炭。氮系阻燃剂与磷系阻燃剂的协同效应也就是从上述两方面进行的。首先是氮系阻燃剂受热分解产生的气体与焦磷酸保护膜形成了磷-碳泡沫隔热层；其次是磷的氧化物与氮的氧化物形成一种与焦化炭结成的糊浆状物，产生覆盖作用，中断燃烧的链锁反应。氮系阻燃剂与磷系阻燃剂的配比可相互调整。表 1-34 为相同阻燃效果下配入磷、氮配入比例比较。

表 1-34　具有相同阻燃效果的磷、氮配入比例

磷(P)配入量/%	3.5	2.0	1.4	0.9
氮(N)配入量/%	0	2.5	4.0	5.0

b. 与溴系、锑系阻燃剂合用可提高阻燃效果　溴系与锑系阻燃剂目前还是不可被取代的阻燃剂品种。其中溴系阻燃剂应用于工业规模的品种已达 50 余种；锑系主要作为助阻燃剂使用，其世界年用量也已达数万吨。这些阻燃剂的共同点是，阻燃作用都是在气态中进行的。当氮系阻燃剂参与复合后，所产生的不可燃气体大都是惰性气体，可大大提高覆盖密度与覆盖面积，从而加强了溴系与锑系阻燃剂的阻燃效果。另外，助阻燃剂锑系的存在也会使氮系阻燃剂的阻燃效果发挥得更好。

c. 氮系阻燃剂本身具有独特性能

ⅰ. 锑系与溴系（包括卤系）阻燃剂都具有较高的毒性，特别是在制品加工过程中，产生的有毒烟雾严重地污染环境。溴系阻燃剂的制品如织物、塑料中其游离离子毒性还会不断地危害人体。某些阻燃剂由于致癌性而被列为停止使用的品种。氮系阻燃剂所产生的气体大多无毒或低毒，且无残留毒性。为此，应用氮系阻燃剂在一定程度上是减少使用有毒阻燃剂的有效途径。

ⅱ. 采用氮系阻燃剂可使制品具有某些特异功能。

ⅲ. 氮系阻燃剂一般都属于添加型，可广泛与其他阻燃剂如硼系、铝系、卤系复合使用，可以采用固体粉末、液体或悬浮液等品种，其选择的范围大、适用性强。而且在制取高阻燃性品种时，一般都须选择 1～2 种氮系阻燃剂掺入。不仅如此，氮系阻燃剂还可与其他助剂或助阻燃剂合用而取得更好的阻燃效果。

ⅳ. 氮系阻燃剂经济性好。一般市价均比溴系、锑系低 1/5～1/3。为此，采用氮系阻燃剂可降低溴系与锑系阻燃剂的配入量，从而降低阻燃制品的生产成本，这一点在制取高阻燃要求的制品时尤为明显。

ⅴ. 某些氰胺类产品如硫脲、单氰胺、胍等在阻燃技术中还具有专门用途。

② 常用品种

a. 三聚氰胺

ⅰ. 性能　三聚氰胺（MA）也称蜜胺，又名三聚氰酰胺、氰尿酰胺，化学名称为 2,4,6-三氨基-1,3,5-三嗪。英文名称为 melamine、cyanurtriamide、cyanuramide、1,3,5-triazine-2,4,6-triamine，CAS 号为 108-78-1。其分子式为 $C_3H_6N_6$，分子量为 126.14，理论氮含量为 66.64%，结构式为：

```
          NH2
          |
          C
        //  \
       N     N
       |     ||
 H2N—C       C—NH2
        \\  /
          N
```

三聚氰胺为无色单斜晶体，无臭，无味，密度为1.573g/cm^3，熔点为354℃，不燃，受热时易升华。三聚氰胺在水中的溶解度较小：25℃时在100g水中能溶解0.5g；100℃时在100g水中能溶解5g。它难溶于乙二醇、甘油和吡啶，不溶于乙醚、苯和四氯化碳，略溶于乙醇，极易溶于热乙醇。三聚氰胺的LD_{50}（大鼠，经口）为3200mg/kg，并且无腐蚀性，对皮肤无刺激，也不是致癌物。

三聚氰胺受热时升华，并发生剧烈的分解，放出NH_3，形成一系列化合物：

$$2C_3H_6N_6 \xrightarrow{-NH_3} C_6H_9N_{11} \xrightarrow{-NH_3} C_6H_6N_{10} \longrightarrow C_6H_3N_9$$

三聚氰胺受到强热（250～450℃）作用时发生分解，分解时吸收大量的热量，放出含NH_3、N_3及CN^-的有毒烟雾，并形成多种缩聚物。它的存在有助于高聚物材料成炭，并影响其熔化行为。

表1-35给出了三聚氰胺的主要物理化学性能数据。

表1-35 三聚氰胺的主要物理化学性能

项 目	指 标
熔点/℃	354(计算)
沸点/℃	280(分解)
密度/(g/cm^3)	1.573
蒸气压(20℃)/Pa	4.7×10^{-8}
水中溶解性/(g/L)	3.1(20℃),25(75℃)
水中悬浮液的pH值(20℃)	8

ⅱ.阻燃机理 虽然三聚氰胺类阻燃剂在阻燃剂总用量中所占的比例较小，但其发展十分迅速，这主要得益于它们具有多种阻燃作用机制。表1-36对比了不同阻燃剂的阻燃作用机理。

表1-36 不同阻燃剂的阻燃作用机理

阻燃机理	三聚氰胺衍生物	卤素/氧化锑	有机磷化合物
化学作用	有	有	有
散热作用	有	—	—
成炭作用	有	—	有
膨胀作用	有	—	有
惰性气体	有	有	—
热转移作用	有	—	—

通常认为，三聚氰胺可以不溶不熔的微粉末状分散在热塑性树脂和热固性树脂的预聚体中，受热时不熔化而到354℃时升华，这一温度低于大多数高聚物材料的点燃温度。因此有人认为：这一升华过程要吸收大量的热量是三聚氰胺具有阻燃作用的主要原因。事实上，三聚氰胺的升华吸热焓为−963kJ/kg，因此对一个含有20%三聚氰胺的、比热容为2.1kJ/(kg·℃)的基材而言，三聚氰胺的升华将使其温度下降115℃，显然这种降温作用对于阻止材料被点燃是非常重要的。而且，升华的三聚氰胺微粒可以起到稀释可燃物及阻隔基材与氧气接触的作用，还可以捕集火焰区的自由基中断燃烧链反应。并且，三聚氰胺在610℃（火焰区可达到此温度）时可降解为双氰胺，这一过程的吸热焓比其升华吸热焓还要高，降温作用更为显著。此外，三聚氰胺挥发物的燃烧热值仅为高聚物材料燃烧热值的40%～

45%，其分解产物氨气还可以起到散热和稀释氧气浓度的作用。因此，三聚氰胺的气相阻燃效率很高。

除此之外，三聚氰胺还能够影响材料的熔化行为，并加速其炭化成焦，在凝聚相也可以发挥阻燃作用。

ⅲ. 应用　三聚氰胺作为阻燃剂最早用于膨胀防火涂料和聚氨酯泡沫中。它是膨胀阻燃剂体系和膨胀防火涂料中最常使用的气源，也是制备很多膨胀型阻燃剂组分（如各种磷酸盐、三聚氰酸盐、硼酸盐）的原料。此外，它还常与其他阻燃剂配成复合阻燃体系用于阻燃各种热塑性和热固性树脂。三聚氰胺尤其适用于含氮高聚物如聚氨酯和尼龙的阻燃改性。

（ⅰ）阻燃聚烯烃。要获得预期的阻燃效果，单独采用三聚氰胺阻燃聚烯烃时其添加量通常需要在60%以上。有资料显示：添加巯基苯并噻唑和二异丙基苯可以使三聚氰胺的用量减少到25份，所阻燃聚丙烯的氧指数在27%～29%，UL 94阻燃级别可达V-2～V-0级。

将三聚氰胺、煅烧高岭土和PPO复配用于阻燃EVA、交联聚乙烯电线电缆料时，可以使材料的阻燃性能达到（UL 94）V-0级，氧指数大于30%，并且其他各项性能指标均能满足行业标准的要求。

此外，三聚氰胺还可与卤素阻燃剂、磷酸酯、红磷、氢氧化铝、氢氧化镁等阻燃剂复配使用，所制得的阻燃聚烯烃具有较好的综合性能。

（ⅱ）阻燃聚酯。三聚氰胺可用于无卤素、无磷的阻燃PBT材料中。添加适量助剂后，用量18%～35%的三聚氰胺即可制得阻燃级别达（UL 94）V-0级的PBT。如要获得无滴落的阻燃PBT，在上述配方的基础上，再加入适量的硫酸钡或尿素与苯磷酰氯的缩聚物即可实现。

（ⅲ）阻燃尼龙。三聚氰胺及其衍生物在阻燃尼龙中的应用始于20世纪70年代。在过去的30年间，人们研究了一系列三聚氰胺及其衍生物在阻燃尼龙中的应用情况，表1-37列举了这类化合物对尼龙6的阻燃效果。

表1-37　三聚氰胺及其衍生物对尼龙6的阻燃效果（氧指数）　　单位：%

化合物名称	阻燃剂用量/%				
	5	10	15	20	30
三聚氰胺	29	31	33	38	39
三聚氰胺磷酸盐	23	24	25	26	30
三聚氰胺焦磷酸盐	24	25	25	30	32
三聚氰胺氰尿酸盐	28	32	36	39	40

由于三聚氰胺对尼龙的阻燃效率较高，因此有关其用于尼龙阻燃的资料很多。一定黏度范围内的尼龙6或尼龙66只需添加5%～8%的三聚氰胺即可通过ASTM D 635的测试。采用10phr三聚氰胺和10phr氯化锌时可以获得无滴落的（UL 94）V-0级的阻燃尼龙，并且可以提高尼龙的热稳定性。在尼龙6与聚（2,6-二甲基苯基）醚（PPE）的合金中，三聚氰胺的添加量为3～20phr时即可使合金的阻燃性能达到（UL 94）V-0级。

另外，当三聚氰胺单独使用或与硼酸锌、卤素阻燃剂复配时，对增强尼龙都有较好的阻燃效果。在含30%玻璃纤维的尼龙66中加入12%的三聚氰胺后，可使材料的阻燃性能达到（UL 94）V-0级（0.8mm）。在尼龙聚合过程中或聚合后，加入30%的三聚氰胺-三聚氰酸都可使其达到（UL 94）V-0级且不起霜。有资料显示：滑石粉、钛白粉等无机填料的加入可提高三聚氰胺的阻燃效果。

三聚氰胺用于阻燃尼龙时遇到的最大的问题是其析出或起霜现象，在阻燃尼龙 6、尼龙 66、尼龙 6/尼龙 66 共混物时均有此现象发生。研究表明：这一问题可在采用非离子型表面活性剂、偶联剂、有机酸（盐）等物质对三聚氰胺进行改性后得以减小或消除，也可以通过改变聚合工艺降低尼龙的加工温度（$<250℃$）而得到改善。

（ⅳ）阻燃聚氨酯。由于三聚氰胺与合成聚氨酯的单体二异氰甲酸苯酯在结构上有相似性，因而对聚氨酯的物理化学性能影响小、应用效果较佳而得到大量应用。近年来，三聚氰胺与磷酸酯复配在阻燃聚氨酯泡沫中得到了广泛应用，可用于阻燃软质或硬质聚氨酯泡沫塑料。

（ⅴ）防火涂料。三聚氰胺常用在膨胀型防火涂料中，主要起发泡组分及阻燃剂的作用。

除了三聚氰胺可以用作阻燃剂外，近年来更常见的是它的无机盐，如盐酸盐、氢溴酸盐、硫酸盐、硼酸盐、磷酸盐和氰脲酸盐（MCA）等。市售的三聚氰胺磷酸盐有磷酸蜜胺盐（$C_3H_6N_6 \cdot H_3PO_4$）、磷酸二蜜胺盐[$2(C_3H_6N_6) \cdot H_3PO_4$] 和焦磷酸蜜胺盐[$2(C_3H_6N_6) \cdot H_4P_2O_7$]等。不同的磷酸盐不仅组成不同，结构有差异，其溶解性、热稳定性和分散性也各不相同，因而阻燃效果不一样。但是它们都是膨胀型防火涂料中广泛采用的发泡组分，其效果比聚磷酸铵要好，而且还具有优良的耐候性。这类防火涂料广泛应用于工程建设中，特别是作为钢结构防火保护涂料和木质材料防火保护涂料使用。

b. 双氰胺

ⅰ. 性能　双氰胺又称二氰二胺、二聚氨基氰、氰基胍。英文名称为：Dicyanodiamide、Cyanoguanidine，简称 DCDA。分子式为 $C_2H_4N_4$，相对分子质量为 84.09，理论氮含量为 66.6%，其结构式为：

$$H_2N-\underset{\underset{NH}{\|}}{C}-NHCN$$

双氰胺为白色单斜晶类的菱形结晶，密度为 1.40g/cm^3，熔点为 207～209℃，微溶于冷水，溶于热水、乙醇和丙酮，难溶于乙醚、苯和氯仿。

双氰胺存在下列互变异构：

$$H_2N-\underset{\underset{NH}{\|}}{C}-NH-C\equiv N \rightleftharpoons (H_2N)_2C=N-C\equiv N$$

因而它易形成衍生物，并显示具有四个活性氢。受热后生成三聚氰胺。

ⅱ. 阻燃机理　双氰胺主要通过分解吸热及生成不燃性气体以稀释可燃物而发挥作用。其主要优点是无色、无卤、低毒、低烟，不产生腐蚀性气体。

ⅲ. 应用　双氰胺可用于制备三聚氰胺和胍盐阻燃剂。它可以用于生产防火涂料，主要起发泡剂、阻燃剂的作用，还可以用来生产阻燃黏合剂、阻燃木材以及作为尼龙的阻燃剂使用。目前双氰胺主要用于生产阻燃剂溶液，用于对木材、木制品、纸张、纸板、织物等易燃性纤维材料进行阻燃处理，使这些易燃的纤维材料变为难燃或阻燃材料。

双氰胺可以代替三聚氰胺，或者与三聚氰胺结合作为阻燃剂使用。将三聚氰胺与双氰胺按 1∶1 的比例混合，添加量为 5%时即可使尼龙达到（UL 94）V-0 级阻燃级别，而且这种阻燃剂对制品撕裂强度的影响很小。此外，双氰胺还可用于制造木材防火胶。另外用双氰胺、甲醛和磷酸制备胶黏剂，以用于制造防火人造板。

除了少数品种外，大多数现有的氮系阻燃剂还存在着普遍适用性不理想、所阻燃的材料加工比较困难、在高聚物中的分散性较差、对粒度及粒度分布要求较严以及对某些高聚物的阻燃效率较差等问题。但随着人们对环境保护意识的增强和材料使用检测要求的日益严格，氮系阻燃剂以其低毒、低烟、低腐蚀性等良好的环境性能将得到更加广泛的关注。特别是由于它对一些含氮高聚物材料的阻燃具有特效，因此围绕着氮系阻燃剂开发和应用的研究逐渐深入，新技术和新品种不断出现，氮系阻燃剂的应用领域将不断拓展，用量将稳步增长。

1.3 典型物质的燃烧

1.3.1 木材的燃烧

1.3.1.1 木材燃烧的特点

木材是最重要的建筑材料之一，也是家具、装饰、包装和造纸、印刷等行业的重要原料，与人类的生活、生产活动具有极为密切的关系。

因木材的种类、产地不同，其组成有很大差别。但木材都是由碳(约 50%)、氢（约 6.4%）和氧（约 42.6%）三种元素组成的。此外还有少量的氮（0.01%～0.2%）和其他元素（0.8%～0.9%），一般不含硫。一些常用木材的元素组成见表 1-38。

表 1-38 常用木材的元素组成（质量分数） 单位:%

种类	元素组成				
	碳	氢	氧	氮	其他
橡木	50.16	6.02	43.26	0.09	0.37
桉木	49.18	6.27	43.19	0.07	0.57
榆木	48.99	6.20	44.25	0.06	0.50
山毛榉木	49.06	6.11	44.17	0.09	0.57
柞木	48.88	6.06	44.67	0.10	0.29
松木	50.31	6.20	43.08	0.04	0.37
白杨木	49.37	6.21	41.60	0.96	1.86
加利福尼亚红木	53.50	5.90	40.30	0.10	0.20
铁杉木	50.40	5.80	41.40	0.10	2.20
枞木	52.30	6.30	40.50	0.10	0.80

木材的主要结构成分是纤维素、半纤维素和木质素，可在不同温度下分解挥发。当木材接触火源时，水分首先析出。加热到约 110℃时蒸发出极少量的树脂；加热到 130℃时木材中的纤维素开始分解，产物主要为水蒸气和二氧化碳；继续加热到 220～250℃时，木材开始变色并炭化，分解产物主要为一氧化碳、氢气和烃类物质；加热到 300℃以上，木材表面上垂直于纹理方向的木炭层出现小裂纹，使得因受热而从内层析出的挥发物比较容易地经过表面逸出。随着炭化深度的增加，裂缝逐渐加宽。结果产生“龟裂”现象。这时木材发生剧烈的热分解，析出大量的可燃气体，导致燃烧开始。

木材加热过程中随温度变化而析出的可燃气体的种类和浓度并不相同，如表 1-39 所示。

表 1-39 木材在不同温度下分解产生的气体组成（体积分数） 单位：%

气体种类	气体组成					
	200℃	300℃	400℃	500℃	600℃	700℃
CO_2	75	56.07	49.36	43.20	40.98	38.56
CO	25	40.17	34.00	29.06	27.20	25.19
CH_4	—	3.76	14.31	21.72	23.42	24.94
C_2H_2	—	—	0.86	3.68	5.74	8.50
H_2	—	—	1.47	2.34	2.66	2.81

木材加热过程中释放出的可燃气体若遇到火源，可发生闪燃或引燃。若无火源，但温度足够高时，也会发生自燃。

木材一旦点燃后，其燃烧过程比一般的液体和气体的燃烧更为复杂。因为木材的燃烧不仅在气相中进行（热分解可燃气体的燃烧），也可在固相中进行（剩余炭的燃烧）。可燃气体的燃烧是有焰燃烧，特点是燃烧速度快、火焰温度高、燃烧时间短、火势发展迅速，是木材燃烧的主体。炭的燃烧是无焰燃烧，特点是燃烧速度较慢、燃烧时间较长、燃烧温度较低。在可燃气体燃烧时，由于氧气不能及时扩散到木材表面形成的炭层上去，因此炭并不燃烧。直到有焰燃烧临近结束时，氧气扩散到炭层表面上，炭才开始发生无焰燃烧。这两种形式的燃烧共同存在一段时间后，可燃气体燃烧完全，这时仅剩下炭的无焰燃烧。

木材燃烧时的最高温度可达 1150～1200℃。

1.3.1.2 影响木材燃烧速度的因素

木材的燃烧速度与其本身的品种和结构有关。主要影响因素有密度、含水量、纹理结构和比表面积等。

（1）密度的影响　一般来说，木材的密度越大，燃烧速度越慢。这是因为密度大的木材导热性好。大量的热量被传入木材深处，使得表面的温度上升较慢，木材的热分解速率降低，可燃气体释出较少。

同一木材中，节疤的密度一般比其他部分要大，因此不容易燃烧。

（2）含水量的影响　木材中含水量越高，越不容易燃烧，点燃后的燃烧速度越低。因为水分挥发需要吸收热量，蒸发的水蒸气可稀释可燃气体和氧的浓度。另外，干燥木材是热的不良导体，而含水量为 30%的木材，其热导率比干燥木材大 1/3 左右，这也是使木材表面温度不易升高从而燃烧性下降的原因。

（3）纹理结构的影响　木材的燃烧性是随其纹理结构方向而变化的。平行于纹理结构方向上的热导率大约是垂直于纹理结构方向上的 2 倍。另外，平行于纹理结构方向上透气性大约为垂直方向上的 1000 倍，因此木材热分解产生的挥发性可燃气体沿纹理方向的释出比垂直方向容易得多。因此木材沿纹理结构方向的燃烧速度远远大于垂直方向。

木材虽是可燃物体，但其热导率远远低于钢铁、铜等材料。木材燃烧时表面形成的炭化层的热导率比木材本身更低，因此大断面的木结构往往比钢结构更耐燃烧。

1.3.2 高分子材料的燃烧

高分子材料大多是由碳、氢、氧、氮、卤素等元素组成的，一般较易燃烧。其燃烧的难易程度取决于组成中元素的构成和化学结构。高分子材料的燃烧过程比较复杂，包含了从材料的吸热分解到剧烈的氧化还原等化学反应，同时还伴随熔融、发光、发热等物理现象。

高分子材料受热后，随着温度的升高，热稳定性较差的化学键开始断裂，同时色泽变深。但温度达到高分子材料的分解温度时，大部分化学键发生断裂，材料本体发生剧烈分解。高分子材料的分解温度与其组成和结构有关。部分高分子材料的分解温度 T_d 如表 1-40 所示。

表 1-40 部分高分子材料的分解温度 单位：℃

材料名称	T_d
聚乙烯	335～450
聚丙烯	328～410
聚氯乙烯	200～300
聚偏二氯乙烯	225～275
聚苯乙烯	285～440
聚甲基丙烯酸甲酯	170～300
聚醋酸乙烯酯	213～325
聚乙烯醇	250
聚四氟乙烯	508～538
聚氟乙烯	372～480
聚三氟氯乙烯	347～418
聚偏二氟乙烯	400～475
涤纶树脂	283～306
聚碳酸酯	420～620
尼龙 6	310～380
尼龙 66	310～380
聚甲醛	220
POE	324～363
天然橡胶	400～900
顺丁橡胶	400～875
聚异戊二烯橡胶	400～1000
丁苯橡胶	400～875
氯丁橡胶	400～875
聚醚型聚氨酯橡胶	400～900

高分子材料受热分解的最终产物主要包括：

① 可燃性气体，如甲烷、乙烷、丙烷、乙烯、甲醛、丙酮、一氧化碳等；

② 不燃性气体，如 CO_2、N_2、SO_2、NH_3、卤化氢、水蒸气等；

③ 液态物质，如部分分解的高分子物质、相对分子质量较高的有机化合物、焦油等；

④ 固态物质，如烟灰、炭黑和其他碳化物；

⑤ 烟雾，主要为悬浮的固体微粒和有色气体。

其中的可燃气体是导致高分子材料燃烧的主要成分。

高分子材料受热分解产生的可燃气体在有足够氧气和点火源的存在下，达到闪点温度就会发生闪燃现象。而当外界温度达到材料的自燃点会自燃时，就可着火燃烧。部分高分子材料的闪点和自燃点如表1-41所示。除外界提供的热量外，材料自身受热氧化释放出的热量也是影响高分子材料着火燃烧的重要因素。

表1-41 部分高分子材料的闪点和自燃点

材料名称	闪点/℃	自燃点/℃
聚乙烯	350	349
聚丙烯	380	420
聚氯乙烯	391	454
聚醋酸乙烯酯	330	500
聚偏二氯乙烯	530	530
聚苯乙烯	350	490
ABS	360	466
聚甲基丙烯酸甲酯	290	445
聚四氟乙烯	—	530
聚酰胺	420	425
醋酸纤维素	—	480
硝基纤维素	—	140
羊毛	200	—
棉花	245	254

高分子材料燃烧时发出的燃烧热通过辐射、对流和传导等形式使高分子材料的温度继续升高，促使其化学键进一步断裂，向火焰提供更多的可燃气体，使得燃烧得以继续进行。当高分子材料的放热速率大于单位时间材料裂解、升温所需要的热量时，燃烧将维持。否则燃烧将中止或熄灭。部分高分子材料的燃烧热如表1-42所示。

表1-42 部分高分子材料的燃烧热

材料名称	燃烧热/(kJ/g)
聚甲氟乙烯	6.68
聚乙烯	47.74
聚丙烯	45.80
聚苯乙烯	40.18
ABS	39.84
聚氯乙烯	24.23
聚甲基丙烯酯甲酯	26.81
聚二甲基硅氧烷	19.53
聚碳酸酯	31.30
酚醛树脂	13.47
氯丁橡胶	28.45
丁基橡胶	16.04
硝基纤维素	17.30
醋酸纤维素	23.84

各种高分子材料的燃烧难易程度相差很多，但存在一些基本的特点，可归纳为以下几方面。

（1）生热量大　从表 1-42 可以看出，大部分高分子材料的燃烧热比较大。许多高分子材料的燃烧热大于木材（14.64kJ/g）和煤（23.01kJ/g）。因此高分子材料的燃烧往往比木材和煤更猛烈。

（2）火焰温度高　由于高分子材料的燃烧热较大，因此火焰温度较高，大多数在2000℃以上。部分高分子材料的火焰温度见表 1-43。

表 1-43　部分高分子材料的火焰温度

材料名称	火焰温度/℃
聚乙烯	2120
乙丙共聚物(69∶31)	2120
聚丙烯	2120
聚异丁烯	2123
聚氯乙烯	1960
聚偏二氯乙烯	1840
聚苯乙烯	2210
丁苯橡胶(含苯乙烯 25.5%)	2220
聚丙烯腈	1860
聚甲基丙烯酸甲酯	2070
聚氟乙烯	1710
聚偏二氟乙烯	1090

（3）燃烧速度快　高分子材料中含碳、氢、氧的比例较高，加上其燃烧时发热量高，因此燃烧速度较快。此外，许多高分子材料在燃烧时伴随流动、滴淌等现象（如聚乙烯、聚丙烯等聚烯烃材料），促进了火势的发展和蔓延。因此由高分子材料燃烧造成的火灾事故通常要比其他材料造成的损失严重得多。

（4）发烟量大　高分子材料中含碳量较高，尤其是当结构中含有芳香族基团时，燃烧时的发烟量较大。烟雾的产生会阻碍光线的传播，影响能见度，对火灾中的抢救和疏散造成不利。此外，烟雾中的颗粒和毒性使人窒息，也是造成火灾中伤亡的主要原因。

（5）燃烧产物毒性大　高分子材料热分解和燃烧的产物中有很多是有毒的。常见的有CO、NO、HCl、HF、HBr、SO_2、光气（$COCl_2$）等，吸入少量这些物质都足以使人中毒致死（参见表 1-44）。燃烧中大量产生的 CO_2 虽然无毒，但浓度过高时，会造成空气中氧气含量不足而使人窒息死亡。表 1-45 为常见高分子材料热分解和燃烧的主要产物。

表 1-44　部分有毒气体允许浓度

气体名称	允许浓度	
	$\times10^{-8}$	mg/m^3
CO	50	35
CO_2	5000	9000
HCl	5	7
Cl_2	1	3

续表

气体名称	允许浓度	
	$\times 10^{-8}$	mg/m^3
NO	25	30
NO_2	5	9
SO_2	5	13
H_2S	10	15
HCN	10	11
CS_2	20	60
丙烷	1000	1800
甲醛	5	6
苯	25	80
光气	0.1	0.4

表 1-45 常见高分子材料热分解和燃烧的主要产物

材料名称	热分解产物	燃烧产物
聚烯烃	烯烃、链烯烃、环烯烃	CO、CO_2
聚苯乙烯	苯乙烯单体、二聚体、三聚体等	CO、CO_2
聚氯乙烯	氯化氢、芳香烃、多环烃类化合物	CO、CO_2、HCl、Cl_2
含氟聚合物	四氟乙烯、八氟异丁烯、HF	HF
聚丙烯腈	丙烯腈、HCN	CO、CO_2、NO、NO_2、HCN
聚乙烯醇	乙醛、乙酸	CO、CO_2、乙酸
聚酰胺	CO、CO_2、NH_3、有机胺	CO、CO_2、NH_3、有机胺
氯化橡胶	HCl、双戊烯、异戊二烯	HCl、CO、CO_2

除了以上一些普遍特点之外，不同的高分子材料燃烧时有其不同的特点。

① 只含碳和氢的高分子材料，如聚乙烯、聚丙烯、聚苯乙烯、聚丁二烯等聚烯烃。易燃烧，离火后仍能维持燃烧，并有滴淌现象，因此容易造成燃烧范围扩大。火焰呈蓝色或黄色。有蜡的气味，主要有害气体为 CO 和 CO_2。

② 含氧的高分子材料，如聚甲基丙烯酸甲酯、聚甲醛、聚苯醚等，易燃且火势猛烈，燃烧速度极快。火焰呈黄色，燃烧时变软，无滴淌现象，有害气体主要为 CO 和 CO_2。

③ 含氮的高分子材料，如脲醛树脂、三聚氰胺甲醛树脂、聚酰胺、聚氨酯、丁腈橡胶、聚丙烯腈等高聚物中都含有氮元素。这类高聚物燃烧情况比较复杂，如脲醛树脂难燃，有自熄性；三聚氰胺甲醛树脂燃烧缓慢，离火也缓慢自熄；尼龙易燃。这些聚合物燃烧时都有滴淌现象，并产生 CO、NO_x、HCN 等有毒气体。燃烧时一般烟雾较大。

④ 含卤素的高分子材料，如聚氯乙烯、聚偏二氯乙烯、聚氟乙烯、聚三氟氯乙烯、聚四氟乙烯等聚合物中都含有卤素。这类高聚物燃烧时火焰呈黄色，无熔滴，难燃，离火可自熄。有刺鼻的卤化氢气味，燃烧产物中主要有 Cl_2、HCl、HF、$COCl_2$ 等有害气体。燃烧时一般烟雾较大。

⑤ 酚醛树脂，无填料时难燃，有自熄性；有木粉填料时燃烧缓慢，离火可缓慢自熄。火焰呈黄色，冒较多黑烟，并释放出有毒的苯酚蒸气。

1.3.3 钢结构材料的燃烧

在现代建筑物和构筑物中，钢结构是最重要的承重结构之一。钢结构以其强度高、自重轻、延伸性好、抗震性优和施工周期短等特点，在建筑业中得到广泛应用，尤其在超高层及大跨度建筑等方面显示出强大的生命力。许多高层建筑、体育场馆、车站机场、娱乐场所、餐饮宾馆、桥梁码头、工矿企业都是采用钢结构建筑的。

钢结构材料本身不会燃烧，但其强度会随着温度的升高而降低，当温度达到某一极限值时，钢结构材料的强度会显著降低以至失去承载能力。因此研究钢结构的防火能力具有十分重要的现实意义。

研究表明，钢材的强度是温度的函数，随温度升高而降低。降低的幅度因钢材温度的高低和钢材种类而不同。以在建筑结构中广泛使用的普通低碳钢材的力学性能随温度的变化特性为例。当钢材温度在350℃以下时，由于蓝脆现象，其拉伸强度会比常温时略有提高。温度超过350℃，强度开始下降。当温度达到500℃时强度降低约50%，600℃时降低约70%。因此目前一般认为建筑钢材的强度损失临界温度为540℃。

钢材的屈服强度随温度升高也逐渐降低，在500℃时约为常温的50%。钢材弹性模量也随温度升高而降低，但降低的幅度比强度降低得小。高温下弹性模量的降低与钢材种类和强度级别并无多大关系。钢材的伸长率和截面收缩率随温度升高而增大，表明高温下钢材塑性增大，易产生不可逆变形。此外，钢材在一定温度和应力作用下，会发生蠕变。蠕变一般在较低温度时就可出现，但在高温时比较明显。普通低碳钢发生明显蠕变的温度为300～350℃，合金钢的这一温度为400～450℃，温度越高，蠕变现象越明显。蠕变不仅受温度的影响，而且也受应力大小影响，若应力超过了钢材在某一温度下的屈服强度时，蠕变会明显增大。

钢材在常温下的热导率为58～70W/(m·℃)，随着钢材温度升高，热导率逐渐减小，当温度高于750℃时，热导率不再变化，基本恒定在30W/(m·℃)。

由此可见，钢结构材料本身虽然不会燃烧，但它们的耐火能力较差，一般不能承受高温的袭击。而对于建筑物的火灾来说，火场温度大多在800～1200℃。因此未加保护的钢结构在火灾温度作用下，只需10min，自身温度就会上升到钢材的临界温度以上，致使强度和载荷能力急剧下降，导致建（构）筑物的整体坍塌毁坏。

钢结构建筑在受到火灾时的损失主要表现为以下三方面。

(1) 坍塌快，难扑救　钢结构建筑物发生火灾后，裸露的钢构件在受到烈火的侵袭时，一般只需10min便可失去承重能力，随即变形而整体垮塌。由于钢结构建筑的垮塌速度快，给抢救带来不便，抢救工作难以实施。

(2) 影响大，损失重　采用钢结构建造的建筑物往往是大跨度的厂房、仓库、礼堂、影剧院、体育馆、高层建筑物及公共场馆等，一旦发生火灾，都将造成重大经济损失和人员伤亡，社会影响很大。

(3) 易毁坏，难修复　由于建筑物是以钢构件作为梁、柱或屋架，在火灾中因钢结构构件变形失去支撑能力，而导致建筑物部分或全部坍塌毁坏，钢结构严重变形。而变形后的钢结构是无法修复使用的。

由于钢结构材料受火燃烧时的力学行为特点，国家有关部门对钢结构材料用作建筑构件时的燃烧性能和耐火极限做了具体的规定。如根据《建筑设计防火规范》(GB 50016—2014)、《石油化工企业设计防火规范》(GB 50160—2008)，建筑钢构件的耐火极限要求如表1-46所示。

表 1-46　建筑钢构件的耐火极限要求　　单位：h

耐火等级			一级	二级	三级
耐火极限/h	高层建筑	柱	3.00	2.50	—
		梁	2.00	1.50	—
		楼板、屋顶等	1.50	1.00	—
	民用建筑	柱	3.00	2.50	2.00
		梁	2.00	1.50	1.00
		楼板	1.50	1.00	0.50
		屋顶	1.50	1.00	0.50

目前，对钢结构的防火保护有多种措施可采用，涂覆防火涂料是最简单，但是最受设计师和建筑单位欢迎的方法。

钢结构防火涂料涂覆在钢材表面上，目的在于对钢结构材料进行防火隔热保护，防止钢结构在火灾中迅速升温而失去强度。防火涂料隔热的原理有三方面：

第一，涂层不燃或不助燃，对钢材起屏蔽和防止热辐射作用，隔离了火焰，避免钢构件直接暴露在火焰或高温之中；

第二，涂层中部分物质在燃烧时吸热和分解放出水蒸气、二氧化碳等不燃性气体，起到消耗热量、降低火焰温度和燃烧速度、稀释氧气的作用；

第三，涂层本身为多孔轻质或受热膨胀后形成炭化泡沫层，热导率很低，一般均在0.23W/(m·℃）以下，仅为钢材自身热导率的1/260左右，因此可有效地阻止热量向钢基材的传递，推迟了钢构件升温到极限温度的时间，从而提高了钢结构的耐火极限。

1.3.4　混凝土材料的燃烧

混凝土是以水泥为胶凝材料，天然砂和石子为集料加水拌和，经过凝结硬化而成的人工石材。混凝土是目前用量最大的人造建筑材料，除原料来源广泛、价格低廉、经久耐用、与钢筋有良好的黏合力外，还可根据要求改变组成成分，配制出具有不同力学性能的产品。因此在工业和民用建筑、水利工程、道路交通等领域均有广泛使用。

混凝土材料本身不会燃烧，但在高温作用下会产生裂纹，强度大幅度损失而破坏。

（1）燃烧对混凝土抗压强度的影响　混凝土材料在室温下的抗压强度很高。但在高温作用下，抗压强度随温度上升呈线性下降。研究表明，当温度为600℃时，混凝土的抗压强度仅为室温时的45%左右。温度上升至1000℃时，抗压强度完全丧失。因此经常发生混凝土建筑在火场中因抗压强度大幅度降低而垮塌的情况。

混凝土材料若在火灾中经受的温度不超过500℃时，火灾后在空气中冷却一个月内，其抗压强度将继续下降。以后随时间延长抗压强度又逐渐回升，约一年后抗压强度可回升至受热前的90%。但若在火灾中经受的温度超过500℃，则抗压强度不可能再回升。

（2）燃烧对混凝土抗拉强度的影响　混凝土材料的抗拉强度一般不高，仅为抗压强度的1/13～1/10。建筑设计中对普通钢筋混凝土构件不考虑其承受拉力。但抗拉强度对混凝土材料的抗裂性有很大的影响。当混凝土材料遭受火焰烧烤时，混凝土会因受热而膨胀，结果在混凝土内部产生内应力，并引起局部裂缝。混凝土的开裂使内部的钢筋直接暴露在火焰中，其抗拉强度随温度迅速下降。研究表明，钢筋混凝土材料的温度为50～600℃之间时，抗拉强度呈线性下降，到600℃抗拉强度可完全丧失。

（3）燃烧对混凝土弹性模量的影响　混凝土的弹性模量也是随温度上升而下降的。但温度低于 50℃时，弹性模量随温度的变化影响很小。50℃以上时，温度对弹性模量的影响逐步增大，200℃时混凝土的弹性模量仅为常温下的 50%，400℃降至 15%，600℃时降至 5%。因此，在实际建筑火灾的情况下，混凝土材料在 0.5～1h 内弹性模量可完全丧失，导致建筑物的整体垮塌。

(4) 混凝土材料的防火措施　对混凝土材料的防火保护，主要是尽可能地阻止外界的热量向混凝土制品传递，提高其耐火极限。常用的方法主要有：在钢筋混凝土构件外加设保护层；适当加大构件的截面积；采取合理的耐火构造设计，避免构件出现过大的挠曲、过于集中的受力等；加强缝隙的封堵，防止发生穿透性裂缝；喷涂防火涂料等。

喷涂防火涂料是目前对耐火性较差的预应力楼板进行防火保护的主要措施。混凝土构件涂覆防火涂料后，当遭遇火灾时，涂层能有效地阻隔火焰和热量，降低热量向混凝土及其内部的传播速度，以推迟温升和强度变弱的时间，提高耐火极限。如在预应力楼板上涂覆厚度为 4mm 的防火涂料时，可将楼板的耐火极限提高至 1.0h；喷涂厚度为 6mm 时，耐火极限为 1.5h，可满足规范中对一级、二级建筑楼板的耐火极限要求。

建筑防火板材及应用

2.1 石膏板材

2.1.1 纸面石膏板

(1) 定义 纸面石膏板是以建筑石膏为主要原料制成的，掺加入纤维和外加剂构成芯材，并与护面纸牢固地结合在一起的建筑板材。这种板材质量轻、强度高，易于加工装修，具有耐火、隔热和抗震等特点，常用于装修室内非承重墙体和吊顶。在厨房、厕所以及空气相对湿度经常大于70%的潮湿环境中使用时，应采取相应的防潮措施。

(2) 板材种类与标记 纸面石膏板可分为普通纸面石膏板、耐水纸面石膏板、耐火纸面石膏板以及耐水耐火纸面石膏板四种。

① 普通纸面石膏板（代号P） 普通纸面石膏板是以建筑石膏为主要原料，掺入适量纤维增强材料和外加剂等，在与水搅拌后，浇注于护面纸的面纸与背纸之间，并与护面纸牢固地黏结在一起。

② 耐水纸面石膏板（代号S） 耐水纸面石膏板是以建筑石膏为主要原料，掺入适量纤维增强材料和耐水外加剂等，在与水搅拌后，浇注于耐水护面纸的面纸与背纸之间，并与耐水护面纸牢固地黏结在一起，旨在改善防水性能的建筑板材。

③ 耐火纸面石膏板（代号H） 耐火纸面石膏板是以建筑石膏为主要原料，掺入无机耐火纤维增强材料和外加剂等，在与水搅拌后，浇注于护面纸的面纸与背纸之间，并与护面纸牢固地黏结在一起，旨在提高防火性能的建筑板材。

④ 耐水耐火纸面石膏板（代号SH） 耐水纸面石膏板是以建筑石膏为主要原料，掺入耐水外加剂和无机耐火纤维增强材料等，在与水搅拌后，浇注于耐水护面纸的面纸与背纸之间，并与耐水护面纸牢固地黏结在一起，旨在改善防水性能和提高防火性能的建筑板材。

(3) 棱边形状与代号 纸面石膏板按棱边形状分为：矩形（代号J)、倒角形（代号D)、楔形（代号C）和圆形（代号Y）四种（图2-1～图2-4)，也可根据用户要求生产其他棱边形状的板材。

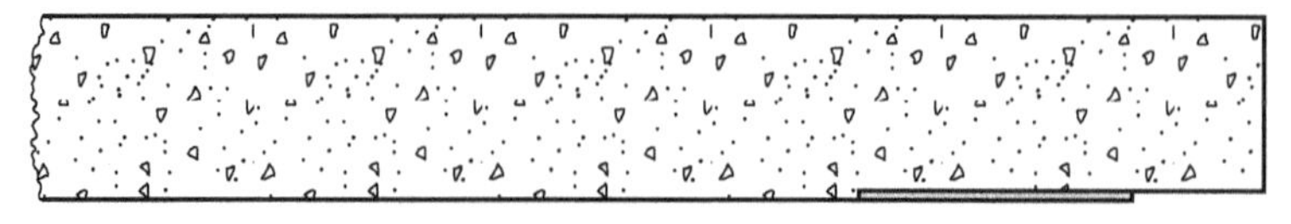

图2-1 矩形棱边

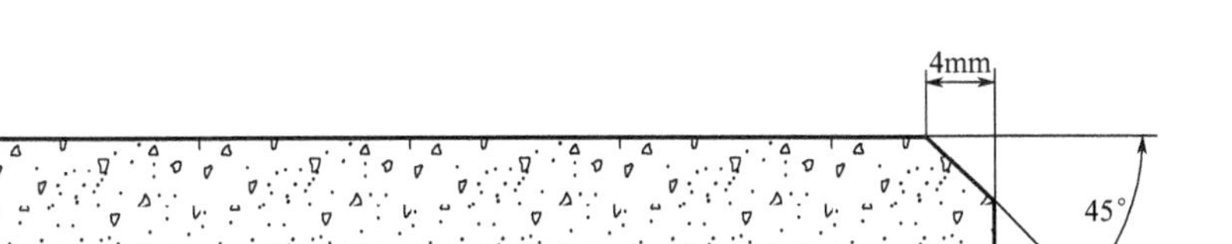

图 2-2　倒角形棱边

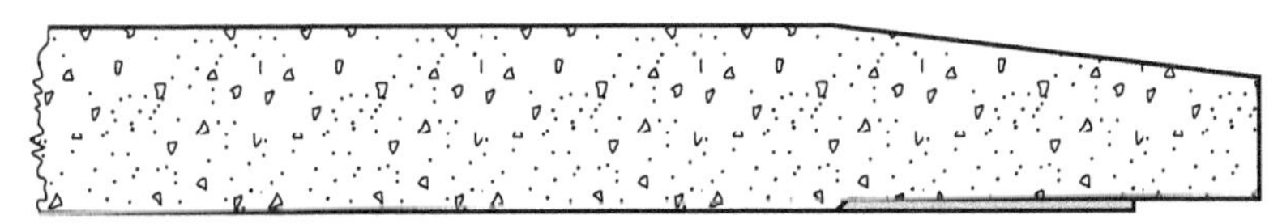

图 2-3　楔形棱边

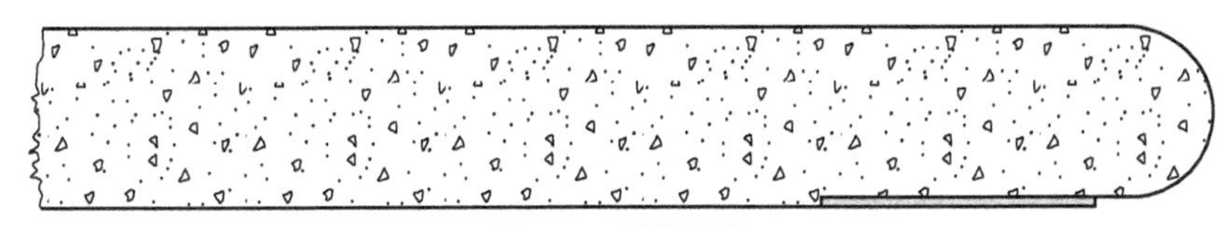

图 2-4　圆形棱边

（4）规格尺寸

① 板材的公称长度　1500mm、1800mm、2100mm、2400mm、2440mm、2700mm、3000mm、3300mm、3600 和 3660mm。

② 板材的公称宽度　600mm、900mm、1200mm 和 1220mm。

③ 板材的公称厚度　9.5mm、12.0mm、15.0mm、18.0mm、21.0mm 和 25.0mm。

（5）技术要求

① 外观质量　纸面石膏板板面平整，不应有影响使用的波纹、沟槽、亏料、漏料和划伤、破损、污痕等缺陷。

② 尺寸偏差　板材的尺寸偏差应符合表 2-1 的规定。

表 2-1　板材的尺寸偏差　　单位 mm

项目	长度	宽度	厚　度	
			9.5	≥12.0
尺寸偏差	−6～0	−5～0	±0.5	±0.6

③ 对角线长度差　板材应切割成矩形，两对角线长度差应不大于 5mm。

④ 楔形棱边断面尺寸　对于棱边形状为楔形的板材，楔形棱边宽度应为 30～80mm，楔形棱边深度应为 0.6～1.9mm。

⑤ 面密度　板材的面密度应不大于表 2-2 的规定。

表 2-2　板材的面密度

板材厚度/mm	面密度/(kg/m²)
9.5	9.5
12.0	12.0
15.0	15.0

续表

板材厚度/mm	面密度/(kg/m²)
18.0	18.0
21.0	21.0
25.0	25.0

⑥ 断裂荷载　板材的断裂荷载应不小于表 2-3 的规定。

表 2-3　板材的断裂荷载

板材厚度/mm	断裂荷载/N			
	纵向		横向	
	平均值	最小值	平均值	最小值
9.5	400	360	160	140
12.0	520	460	200	180
15.0	650	580	250	220
18.0	770	700	300	270
21.0	900	810	350	320
25.0	1100	970	420	380

⑦ 硬度　板材的棱边硬度和端头硬度应不小于 70N。

⑧ 抗冲击性　经冲击后，板材背面应无径向裂纹。

⑨ 护面纸与芯材黏结性　护面纸与芯材应不剥离。

⑩ 吸水率（仅适用于耐水纸面石膏板和耐水耐火纸面石膏板）　板材的吸水率应不大于 10%。

⑪ 表面吸水量（仅适用于耐水纸面石膏板和耐水耐火纸面石膏板）　板材的表面吸水量应不大于 160g/m^2。

⑫ 遇火稳定性（仅适用于耐火纸面石膏板和耐水耐火纸面石膏板）　板材的遇火稳定性时间应不少于 20min。

2.1.2　装饰石膏板

（1）定义　装饰石膏板是以建筑石膏为主要原料，掺加少量纤维材料等制成的有多种图案、花饰的板材，如石膏印花板、穿孔吊顶板、石膏浮雕吊顶板、纸面石膏饰面装饰板等。它是一种新型的室内装饰材料，适用于中高档装饰，具有轻质、防火、防潮、易加工、安装简单等特点。特别是新型树脂仿型饰面防水石膏板板面覆以树脂，饰面仿型花纹，其色调图案逼真，新颖大方，板材强度高、耐污染、易清洗，可用于装饰墙面，做护墙板及踢脚板等，是代替天然石材和水磨石的理想材料。

（2）分类与规格　根据板材正面形状和防潮性能的不同，装饰石膏板的分类及代号见表 2-4。

表 2-4　装饰石膏板的分类及代号

分类	普通板			防潮板		
	平板	孔板	浮雕板	平板	孔板	浮雕板
代号	P	K	D	FP	FK	FD

装饰石膏板为正方形，其棱边断面形式有直角形和倒角形两种。规格有 500mm×500mm×9mm、600mm×600mm×11mm 两种。

(3) 技术要求

① 装饰石膏板正面不应有影响装饰效果的气孔、污痕、裂纹、缺角、色彩不均匀和图案不完整等缺陷。

② 板材尺寸允许偏差、不平度和直角偏离度应不大于表 2-5 的规定。

表 2-5 板材尺寸允许偏差、不平度和直角偏离度 单位：mm

项目	指标
边长	+1 −2
厚度	±10
不平度	2.0
直角偏离度	2

③ 物理力学性能 产品的物理力学性能应符合表 2-6 的要求。

表 2-6 物理力学性能

序号	项目		指标					
			P,K,FP,FK			D,FD		
			平均值	最大值	最小值	平均值	最大值	最小值
1	单位面积质量/(kg/m^2)≤	厚度 9mm	10.0	11.0	—	13.0	14.0	—
		厚度 11mm	12.0	13.0	—	—	—	—
2	含水率/%	≤	2.5	3.0	—	2.5	3.0	—
3	吸水率/%	≤	8.0	9.0	—	8.0	9.0	—
4	断裂荷载/N	≥	147	—	132	167	—	150
5	受潮挠度/mm	≤	10	12	—	10	12	—

注：D 和 FD 的厚度指棱边厚度。

2.1.3 嵌装式装饰石膏板

(1) 定义 嵌装式装饰石膏板是以建筑石膏为主要原料，掺入适量的纤维增强材料和外加剂，与水一起搅拌成均匀的料浆，经浇注成型、干燥而成的不带护面纸的板材。板材背面四边加厚，并带有嵌装企口，板材正面可为平面、带孔或带浮雕图案。

嵌装式装饰石膏板同装饰石膏板一样，都具有密度适中的特点，并且还具有一定的强度以及良好的防火性能、隔声性能（当嵌装式装饰石膏板的背面复合有耐火、吸声材料时），同时它还具有施工安装简便、快速的特点。由于其制作工艺为采用浇注法成型，所以能制成具有浮雕图案的并且风格独特的板材。除此之外，嵌装式装饰石膏板最大的特点是板材背面四边被加厚，并且带有嵌装企口，因此可以采用嵌装的形式来进行吊顶的施工，所以施工完毕后的吊顶表面既无龙骨显露（称为暗龙骨吊顶），又无紧固螺钉帽显露（采用嵌装方式施工时，板材不用任何紧固件固定），吊顶显得美观、大方、典雅。

(2) 分类与规格

① 形状 嵌装式装饰石膏板为正方形，其棱边断面形式有直角形和倒角形。

② 类型和代号　产品分为普通嵌装式装饰石膏板（代号为 QP）和吸声用嵌装式装饰石膏板（代号为 QS）两种。

③ 规格　嵌装式装饰石膏板的规格如下：

a. 边长 600mm×600mm，边厚不小于 28mm。

b. 边长 500mm×500mm，边厚不小于 25mm。

其他形状和规格的板材，由供需双方商定。

（3）技术要求

① 外观质量　嵌装式装饰石膏板正面不得有影响装饰效果的气孔、污痕、裂纹、缺角、色彩不均和图案不完整等缺陷。

② 尺寸及允许偏差　板材边长（L）、铺设高度（H）和厚度（S）（图 2-5）的允许偏差、不平度和直角偏离度（δ）应符合表 2-7 的规定。

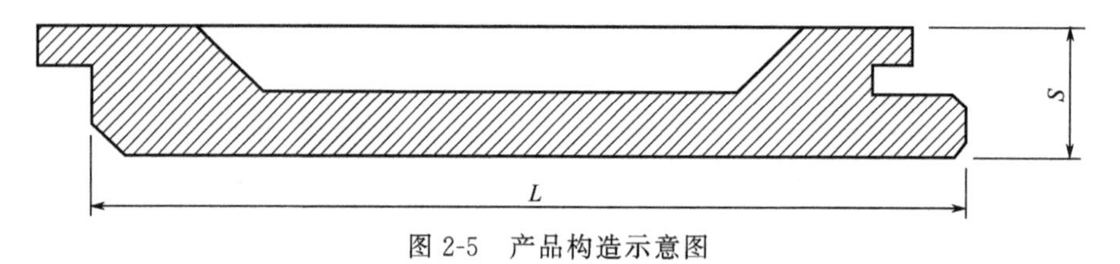

图 2-5　产品构造示意图

表 2-7　尺寸及允许偏差　　单位：mm

项　目		技术要求
边长 L		±1
边厚 S	L=500	≥25
	L=600	≥28
铺设高度 H		±1.0
不平度		≤1.0
直角偏离度 δ		≤1.0

③ 物理力学性能　板材的单位面积质量、含水率和断裂荷载应符合表 2-8 的规定。

表 2-8　物理力学性能

项　目		技术要求
单位面积质量/(kg/m²)	平均值	≤16.0
	最大值	≤18.0
含水率/%	平均值	≤3.0
	最大值	≤4.0
断裂荷载/N	平均值	≥157
	最大值	≥127

④ 对吸声板的附加要求　嵌装式吸声石膏板必须具有一定的吸声性能，125Hz、250Hz、500Hz、1000Hz、2000Hz 和 4000Hz 六个频率混响室法平均吸声系数 α_s≥0.3。

对于每种吸声石膏板产品必须附有贴实和采用不同构造安装的吸声频谱曲线。

穿孔率、孔洞形式和吸声材料种类由生产厂自定。

2.1.4 吸声用穿孔石膏板

(1) 分类与规格

① 棱边形状　板材棱边形状分为直角形和偏角形两种。

② 规格尺寸　边长规格为 500mm×500mm 和 600mm×600mm；厚度规格为 9mm 和 12mm。孔径、孔距规格与穿孔率见表 2-9。

表 2-9　孔径、孔距规格与穿孔率

孔径/mm	孔距/mm	穿孔率/%	
		孔眼正方形排列	孔眼三角形排列
ϕ6	18	8.7	10.1
	22	5.8	6.7
	24	4.9	5.7
ϕ8	22	10.4	12.0
	24	8.7	10.1
ϕ10	24	13.6	15.7

③ 基板与背覆材料　根据板材的基板不同与有无背覆材料，其分类和标记见表 2-10。

表 2-10　基板与背覆材料的分类和标记

基板与代号	背覆材料代号	板类代号
装饰石膏板　K	无背覆材料　W 有背覆材料　Y	WK、YK
纸面石膏板　C		WC、YC

(2) 技术要求

① 使用条件　吸声用穿孔石膏板主要用于室内吊顶和墙体的吸声结构中。在潮湿环境中使用或对耐火性能有较高要求时，则应采用相应的防潮、耐水或耐火基板。

② 外观质量　吸声用穿孔石膏板不应有影响使用和装饰效果的缺陷。对以纸面石膏板为基板的板材不应有破损、划伤、污痕、凹凸、纸面剥落等缺陷；对以装饰石膏板为基板的板材不应有裂纹、污痕、气孔、缺角、色彩不均匀等缺陷。并且穿孔应垂直于板面。

③ 尺寸允许偏差　板材的尺寸允许偏差应符合表 2-11 的规定。

表 2-11　板材的尺寸允许偏差　　单位：mm

项　目	技术指标
边长	+1；−2
厚度	±1.0
不平度	≤2.0
直角偏离度	≤1.2
孔径	±0.6
孔距	±0.6

④ 含水率　板材的含水率应不大于表 2-12 中的规定值。

表 2-12　板材的含水率

技术指标	含水率/%
平均值	2.5
最大值	3.0

⑤ 断裂荷载　板材的断裂荷载应不小于表 2-13 中的规定值。

表 2-13　板材的断裂荷载

孔径/孔距/mm	厚度/mm	断裂荷载/N	
		平均值	最小值
ϕ6/18 ϕ6/22 ϕ6/24	9	130	117
	12	150	135
ϕ8/22 ϕ8/24	9	90	81
	12	100	90
ϕ10/24	9	80	72
	12	90	81

⑥ 护面纸与石膏芯的黏结　以纸面石膏板为基板的板材，护面纸与石膏芯的黏结按规定的方法测定时，不允许石膏芯裸露。

2.1.5　石膏空心条板

(1) 定义　石膏空心条板是以建筑石膏为主要原料，掺以无机轻集料、无机纤维增强材料，加入适量添加剂而制成的空心条板，代号为 SGK。

石膏空心条板主要品种可包括石膏珍珠岩空心条板、石膏粉煤灰硅酸盐空心条板和石膏空心条板。

与传统的实心黏土砖或空心黏土砖相比，用石膏空心条板作建筑内隔墙，除有与石膏砌块相同的优点外，其单位面积内的质量更轻、施工效率更高。从而使建筑物自重减轻，基础承载变小，可有效降低建筑造价；条板长度随建筑物的层高确定，因此施工效率也更高。石膏空心条板具有重量轻、强度高、隔热、隔声、防水等性能，可锯、可刨、可钻、施工简便。与纸面石膏板相比，石膏用量少、不用纸和胶黏剂、不用龙骨，工艺设备简单，所以比纸面石膏板造价低。石膏空心条板主要用于工业与民用建筑的内隔墙，其墙面可做喷浆、涂料、贴瓷砖、贴壁纸等各种饰面。

(2) 外形和规格

① 外形　石膏空心条板的外形和断面如图 2-6 和图 2-7 所示，空心条板的长边应设榫头和榫槽或双面凹槽。

② 规格　石膏空心条板的规格见表 2-14。

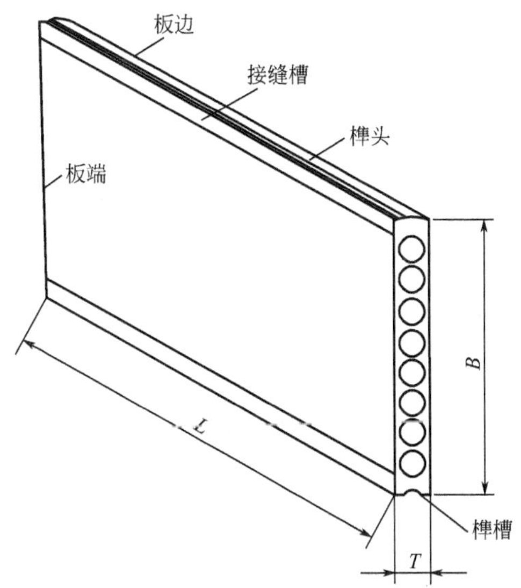

图 2-6 石膏空心条板外形示意图

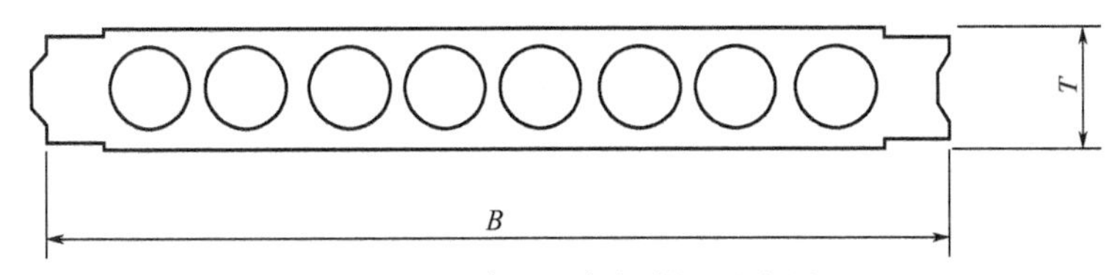

图 2-7 石膏空心条板断面示意图

表 2-14 石膏空心条板的规格 单位：mm

长度 L	宽度 B	厚度 T
2100～3000	600	60
		90
2100～3600		120

(3) 技术要求

① 外表面 不应有影响使用的缺陷，具体应符合表 2-15 的规定。

表 2-15 石膏空心条板的外观质量

项　目	指标
缺棱掉角，长度×宽度×深度(25mm×10mm×5mm)～(30mm×20mm×10mm)	不多于 2 处
板面裂纹，长度小于 30mm，宽度小于 1mm	
气孔，大于 5mm，小于 10mm	
外露纤维、贯穿裂缝、飞边毛刺	不应有

② 尺寸及尺寸偏差 应符合表 2-16 的规定。

表 2-16 石膏空心条板的尺寸及尺寸偏差规格 单位：mm

项目	技术指标
长度偏差	±5
宽度偏差	±2

续表

项目	技术指标
厚度偏差	±1
板面平整度	≤2
对角线差	≤6
侧面弯曲	≤L/1000

③ 孔与孔之间和孔与板面之间的最小壁厚　应不小于12.0mm。

④ 面密度　应符合表2-17的规定。

表2-17　石膏空心条板的面密度

项目	厚度 T/mm		
	60	90	120
面密度/(kg/m²)	≤45	≤60	≤75

⑤ 力学性能　力学性能应符合表2-18的规定。

表2-18　石膏空心条板的力学性能

序号	项　目	指　标
1	抗弯破坏荷载，板自重倍数	≥1.5
2	抗冲击性能	无裂纹
3	单点吊挂力	不破坏

2.1.6　石膏砌块

(1) 定义　石膏砌块是以建筑石膏为主要原料，经加水搅拌、浇注成型和干燥制成的建筑石膏制品，其外形为长方体，纵横边缘分别设有榫头和榫槽。生产中允许加入纤维增强材料或其他集料，也可加入发泡剂、憎水剂。

石膏砌块具有质轻、防火、隔热、隔声和可调节室内湿度等诸多良好的性能，并且可锯、可钉、可钻，表面平坦光滑，不用在墙体表面进行抹灰，施工简便。使用石膏砌块作墙体能够有效地减轻建筑物的自重，降低基础造价，提高抗震能力，并且可以增加建筑物内的有效使用面积，主要可以作为工业和民用建筑物中的框架结构以及其内部的非承重内隔墙材料使用。石膏砌块既可以用作一般的分室隔墙材料使用，也可以采取复合结构用于砌筑对隔声要求较高的隔墙。

(2) 分类与规格

① 分类

a. 按石膏砌块的结构分类

ⅰ. 空心石膏砌块：带有水平或垂直方向预制孔洞的砌块，代号K。

ⅱ. 实心石膏砌块：无预制孔洞的砌块，代号S。

b. 按石膏砌块的防潮性能分类

ⅰ. 普通石膏砌块：在成型过程中未做防潮处理的砌块，代号P。

ⅱ. 防潮石膏砌块：在成型过程中经防潮处理，具有防潮性能的砌块，代号F。

② 规格　石膏砌块的规格尺寸见表2-19。若有其他规格，可由供需双方商定。

表 2-19 石膏砌块的规格尺寸

项目	公称尺寸/mm
长度	600、666
高度	500
厚度	80、100、120、150

（3）技术要求

① 外表面不应有影响使用的缺陷　具体应符合表 2-20 的规定。

表 2-20 石膏砌块的外观质量

项目	指　标
缺角	同一砌块不应多于 1 处，缺角尺寸应小于 30mm×30mm
板面裂缝、裂纹	不应有贯穿裂缝；长度小于 30mm，宽度小于 1mm 的非贯穿裂纹不应多于 1 条
气孔	直径 5～10mm 不应多于 2 处；大于 10mm 不应有
油污	不应有

② 尺寸和尺寸偏差　应符合表 2-21 的规定。

表 2-21 石膏砌块的尺寸和尺寸偏差

序号	项　目	指标/mm
1	长度偏差	±3
2	高度偏差	±2
3	厚度偏差	±1.0
4	孔与孔之间和孔与板面之间的最小壁厚	≥15.0
5	平整度	≤1.0

③ 石膏砌块的物理力学性能　应符合表 2-22 的规定。

表 2-22 石膏砌块的物理力学性能

项　目		要　求
表观密度/(kg/m^3)	实心石膏砌块	≤1100
	空心石膏砌块	≤800
断裂荷载/N		≥2000
软化系数		≥0.6

2.2 硅酸钙板材

2.2.1 无石棉硅酸钙板

（1）定义　无石棉硅酸钙板是以非石棉类纤维为增强材料制成的纤维增强硅酸钙板，制品中石棉成分含量为零。无石棉硅酸钙板代号为 NA。

（2）分类与规格

① 硅钙板密度分为四类：D0.8、D1.1、D1.3、D1.5。

② 硅钙板表面处理状态分为未砂板（NS）、单面砂光板（LS）及双面砂光板（PS）。

③ 硅钙板抗折强度分为四个等级：Ⅱ级、Ⅲ级、Ⅳ级、Ⅴ级。

④ 硅钙板的规格尺寸见表2-23。

表2-23　规格尺寸

项目	公称尺寸/mm
长度	500～3600(500、600、900、1200、2400、2440、2980、3200、3600)
宽度	500～1250(500、600、900、1200、1220、1250)
厚度	4、5、6、8、9、10、12、14、16、18、20、25、30、35

注：1. 长度、宽度规定了范围，括号内尺寸为常用的规格，实际产品规格可在此范围内按建筑模数的要求进行选择。
2. 根据用户要求，可按供需双方合同要求生产其他规格的产品。

（3）技术要求

① 外观质量　应符合表2-24的规定。

表2-24　外观质量

项目	质量要求
正表面	不得有裂纹、分层、脱皮，砂光面不得有未砂部分
背面	砂光板未砂面积小于总面积的5%
掉角	长度方向≤20mm，宽度方向≤10mm，且一张板≤1个
掉边	掉边深度≤5mm

② 形状与尺寸偏差　应符合表2-25的规定。

表2-25　形状与尺寸偏差

<table>
<tr><th colspan="2">项　目</th><th>形状与尺寸偏差</th></tr>
<tr><td rowspan="3">长度 L/mm</td><td><1200</td><td>±2</td></tr>
<tr><td>1200～2440</td><td>±3</td></tr>
<tr><td>>2440</td><td>±5</td></tr>
<tr><td rowspan="2">宽度 H/mm</td><td>≤900</td><td>0
−3</td></tr>
<tr><td>>900</td><td>±3</td></tr>
<tr><td rowspan="3">厚度 e/mm</td><td>NS</td><td>±0.5</td></tr>
<tr><td>LS</td><td>±0.4</td></tr>
<tr><td>PS</td><td>±0.3</td></tr>
<tr><td rowspan="3">厚度不均匀度/%</td><td>NS</td><td>≤5</td></tr>
<tr><td>LS</td><td>≤4</td></tr>
<tr><td>PS</td><td>≤3</td></tr>
<tr><td colspan="2">边缘直线度/mm</td><td>≤3</td></tr>
<tr><td rowspan="3">对角线差/mm</td><td>长度<1200</td><td>≤3</td></tr>
<tr><td>长度 1200～2440</td><td>≤5</td></tr>
<tr><td>长度>2440</td><td>≤8</td></tr>
<tr><td>平整度/mm</td><td colspan="2">未砂面≤2；砂光面≤0.5</td></tr>
</table>

③ 物理性能　应符合表 2-26 的规定。

表 2-26　无石棉硅酸钙板物理性能

类别	D0.8	D1.1	D1.3	D1.5
密度/(g/cm^3)	≤0.95	0.95<D≤1.20	1.20<D≤1.40	>1.40
热导率/[W/(m·K)]	≤0.20	≤0.25	≤0.30	≤0.35
含水率/%	≤10			
湿涨率/%	≤0.25			
热收缩率/%	≤0.50			
不燃性	《建筑材料及制品燃烧性能分级》(GB 8624—2012)A 级,不燃材料			
不透水性	—			24h 检验后允许板反面出现湿痕,但不得出现水滴
抗冻性	—			经 25 次冻融循环,不得出现破裂、分层

④ 抗折强度　应符合表 2-27 的规定。

表 2-27　无石棉硅酸钙板抗折强度

强度等级	D0.8	D1.1	D1.3	D1.5	纵横强度比
Ⅱ级	5	6	8	9	≥58%
Ⅲ级	6	8	10	13	
Ⅳ级	8	10	12	16	
Ⅴ级	10	14	18	22	

注:1. 蒸压养护制品试样龄期为出压蒸釜后不小于 24h。

2. 抗折强度为试件干燥状态下测试的结果,以纵、横向抗折强度的算术平均值为检验结果;纵横强度比为同块试件纵向抗折强度与横向抗折强度之比。

3. 干燥状态是指试样在(105±5)℃干燥箱中烘干一定时间时的状态,当板的厚度≤20mm 时,烘干时间不低于 24h;而当板的厚度>20mm 时,烘干时间不低于 48h。

4. 表中列出的抗折强度指标为表 2-28 抗折强度评定时的标准低限值(L)。

表 2-28　抽样与评定方案

1	2	3	4	5	6	7	8	9
检验批的产品数量	外观质量、形状与尺寸偏差					物理、力学性能		
	品质法检验取样数量	第一次取样		第一次+第二次取样		变量法检验取样数量	可接收系数 K	变量法评定
		可接收的数量 Ac_1	拒收的数量 Re_1	可接收的数量 Ac_2	拒收的数量 Re_2			
≤150	3	0	1	不适用	不适用	3	0.502	$AL=L+KR$
151～280	8	0	2	1	2	3	0.502	式中　AL——可接收极限,N;
281～500	8	0	2	1	2	4	0.450	L——标准低限,N;
501～1200	8	0	2	1	2	5	0.431	K——可接收系数;
1201～3200	8	0	2	1	2	7	0.405	R——样品中最大最小
3201～10000	13	0	3	3	4	10	0.507	之差,N

2.2.2 温石棉硅酸钙板

（1）定义　温石棉硅酸钙板是以单一温石棉纤维或其他增强纤维混合作为增强材料制成的纤维增强硅酸钙板，制品中含有温石棉成分。温石棉硅酸钙板代号为A。

（2）分类与规格

① 硅钙板密度分为四类：D0.8、D1.1、D1.3、D1.5。

② 硅钙板表面处理状态分为未砂板(NS)、单面砂光板(LS)及双面砂光板(PS)。

③ 硅钙板抗折强度分为五个等级：Ⅰ级、Ⅱ级、Ⅲ级、Ⅳ级、Ⅴ级。

④ 硅钙板的规格尺寸见表2-23。

（3）技术要求

① 外观质量　应符合表2-24的规定。

② 形状与尺寸偏差　应符合表2-25的规定。

③ 物理性能　应符合表2-29的规定。

表2-29　温石棉硅酸钙板物理性能

类别	D0.8	D1.1	D1.3	D1.5
密度/(g/cm^3)	≤0.95	0.95<D≤1.20	1.20<D≤1.40	>1.40
热导率/[W/(m·K)]	≤0.20	≤0.25	≤0.30	≤0.35
含水率/%	≤10			
湿涨率/%	≤0.25			
热收缩率/%	≤0.50			
不燃性	《建筑材料及制品燃烧性能分级》(GB 8624—2012)A级，不燃材料			
抗冲击性	—			落球法试验冲击1次，板面无贯通裂纹
不透水性	—			24h检验后允许板反面出现湿痕，但不得出现水滴
抗冻性	—			经25次冻融循环，不得出现破裂、分层

④ 抗折强度　应符合表2-30的规定。

表2-30　温石棉硅酸钙板抗折强度

强度等级	D0.8	D1.1	D1.3	D1.5	纵横强度比
Ⅰ级	—	4	5	6	≥58%
Ⅱ级	5	6	8	9	
Ⅲ级	6	8	10	13	
Ⅳ级	8	10	12	16	
Ⅴ级	10	14	18	22	

注：1. 蒸压养护制品试样龄期为出压蒸釜后不小于24h。

2. 抗折强度为试件干燥状态下测试的结果，以纵、横向抗折强度的算术平均值为检验结果；纵横强度比为同块试件纵向抗折强度与横向抗折强度之比。

3. 干燥状态是指试样在(105±5)℃干燥箱中烘干一定时间时的状态，当板的厚度≤20mm时，烘干时间不低于24h，而当板的厚度>20mm时，烘干时间不低于48h。

4. 表中列出的抗折强度指标为表2-28抗折强度评定时的标准低限值(L)。

2.3 纤维增强水泥板材

2.3.1 维纶纤维增强水泥平板

2.3.1.1 分类与规格

维纶纤维增强水泥平板（VFRC）按密度分为维纶纤维增强水泥板（A型板）和维纶纤维增强水泥轻板（B型板），A型板主要用于非承重墙体、吊顶、通风道等，B型板主要用于非承重内隔墙、吊顶等。维纶纤维增强水泥平板的规格尺寸见表2-31。

表 2-31 维纶纤维增强水泥平板的规格尺寸

项目	公称尺寸/mm
长度	1800,2400,3000
宽度	900,1200
厚度	4,5,6,8,10,12,15,20,25

注:其他规格平板可由供需双方协商产生。

2.3.1.2 技术要求

（1）外观质量

① 板的正表面应平整、边缘整齐，不得有裂纹、缺角等缺陷。

② 边缘平直度、长度、宽度的偏差均不应大于2mm/m。

③ 边缘垂直度的偏差不应大于3mm/m。

④ 板厚度 $e \leqslant 20$mm时，表面平整度不应超过4mm；板厚度 $20\text{mm} < e \leqslant 25$mm时，表面平整度不应超过3mm。

（2）尺寸允许偏差　平板的尺寸允许偏差应符合表2-32规定。

表 2-32 维纶纤维增强水泥平板的尺寸允许偏差　　单位：mm

项　目		尺寸允许偏差
长度		±5
宽度		±5
厚度	e=4,5,6 时	±0.5
	e=8,10,12,15,20,25 时	±0.1e
厚度不均匀度/%		<10

注:1. 厚度不均匀度是指同块板最大厚度与最小厚度之差除以公称厚度。

2. e 为平板的公称厚度。

（3）物理力学性能　平板的物理力学性能应符合表2-33的规定。

表 2-33 维纶纤维增强水泥平板的物理力学性能

项目		A型板	B型板
密度/(g/cm^3)		1.6～1.9	0.9～1.2
抗折强度/MPa	≥	13.0	8.0
抗冲击强度/(kJ/m^2)	≥	2.5	2.7
吸水率/%	≤	20.0	—
含水率/%	≤	—	12.0
不透水性		经24h试验,允许板底面有洇纹,但不得出现水滴	—

续表

项目	A 型板	B 型板
抗冻性	经 25 次冻融循环，不得有分层等破坏现象	—
干缩率/% ≤	—	0.25
燃烧性	不燃	不燃

注：1. 试验时，试件的龄期不小于 7d。

2. 测定 B 型板的抗折强度、抗冲击强度时，采用气干状态的试件。

2.3.2 玻璃纤维增强水泥轻质多孔隔墙条板

（1）定义 玻璃纤维增强水泥（GRC）轻质多孔隔墙条板全称玻璃纤维增强水泥轻质多孔隔墙条板，又称“GRC 空心条板”，是以耐碱玻璃纤维与低碱度水泥为主要原料的预制非承重轻质多孔内隔墙条板。GRC 轻质多孔条板可用作非承重内隔墙，也可用作公共建筑、住宅建筑和工业建筑的外围护墙体。

生产 GRC 空心条板所用水泥要求采用低碱度（水泥滤液 pH≤11）水泥，品种有快硬硫铝酸盐水泥、Ⅰ型低碱度硫铝酸盐水泥和低碱度硫铝酸盐水泥三种。耐碱玻璃纤维增强材料主要有耐碱玻璃纤维无捻粗纱、耐碱玻璃纤维网格布、耐碱短切纱。辅助胶凝材料及轻集料为粉煤灰、膨胀珍珠岩、矿渣、炉渣、陶粒、陶砂等。

（2）分类、规格和分级

① GRC 轻质多孔隔墙条板的型号按板的厚度分为两类：90 型、120 型。

② GRC 轻质多孔隔墙条板的型号按板型分为四类：普通板(PB)、门框板(MB)、窗框板(CB)、过梁板(LB)。

③ GRC 轻质多孔隔墙条板采用不同企口和开孔形式，规格尺寸应符合表 2-34 的规定。图 2-8 和图 2-9 所示为一种企口与开孔形式的外形和断面示意图。

表 2-34 GRC 轻质多孔隔墙条板产品型号及规格尺寸 单位：mm

型号	长度(L)	宽度(B)	厚度(T)	接缝槽深(a)	接缝槽宽(b)	壁厚(c)	孔间肋厚(d)
90	2500～3000	600	90	2～3	20～30	≥10	≥20
120	2500～3500	600	120	2～3	20～30	≥10	≥20

注：其他规格尺寸可由供需双方协商解决。

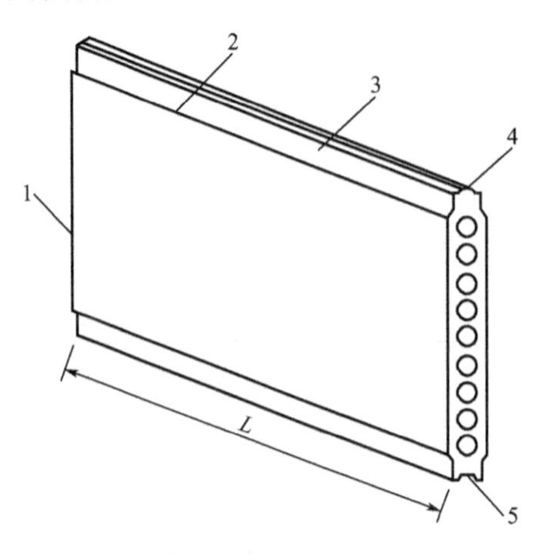

图 2-8 GRC 轻质多孔隔墙条板外形示意图

1—板端；2—板边；3—接缝槽；4—榫头；5—榫槽

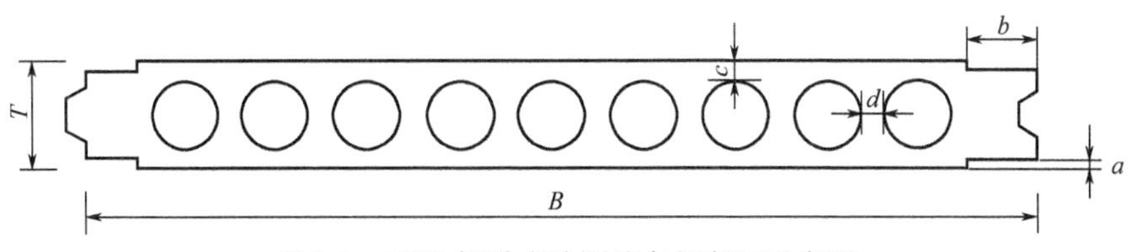

图 2-9 GRC 轻质多孔隔墙条板断面示意图

④ GRC 轻质多孔隔墙条板按其外观质量、尺寸偏差及物理力学性能分为一等品（B）、合格品（C）。

（3）技术要求

① GRC 轻质多孔隔墙条板的外观质量 应符合表 2-35 中的规定。

表 2-35 GRC 轻质多孔隔墙条板外观质量

项目			等级	
			一等品	合格品
缺棱掉角	长度/mm	≤	20	50
	宽度/mm	≤	20	50
	数量	≤	2 处	3 处
板面裂缝			不允许	
蜂窝气孔	长径/mm	≤	10	30
	宽径/mm	≤	4	5
	数量	≤	1 处	3 处
飞边毛刺			不允许	
壁厚/mm		≥	10	
孔间肋厚/mm		≥	20	

② GRC 轻质多孔隔墙条板的尺寸偏差允许值 应符合表 2-36 规定。

表 2-36 GRC 轻质多孔隔墙条板尺寸偏差允许值 单位：mm

项目	长度	宽度	厚度	侧向弯曲	板面平整度	对角线差	接缝槽宽	接缝槽深
一等品	±3	±1	±1	≤1	≤2	≤10	$^{+2}_{0}$	$^{+0.5}_{0}$
合格品	±5	±2	±2	≤2	≤2	≤10	$^{+2}_{0}$	$^{+0.5}_{0}$

③ GRC 轻质多孔隔墙条板的物理力学性能 应符合表 2-37 规定。

表 2-37 GRC 轻质多孔隔墙条板物理力学性能

项目			一等品	合格品
含水率/%	采暖地区	≤	10	
	非采暖地区	≤	15	
气干面密度/(kg/m²)	90 型	≤	75	
	120 型	≤	95	

续表

项目			一等品	合格品
抗拉破坏荷载/N	90 型	≥	2200	2000
	120 型	≥	3000	2800
干燥收缩值/(mm/m)		≤	0.6	
抗冲击性(30kg,0.5m 落差)			冲击 5 次,板面无裂缝	
吊挂力/N		≥	1000	
空气声计权隔声量/dB	90 型	≥	35	
	120 型	≥	40	
抗折破坏荷载保留率(耐久性)/%		≥	80	70
放射性比活度	I_{Re}	≤	1.0	
	I_{γ}	≤	1.0	
耐火极限/h		≥	1	
燃烧性能			不燃	

2.3.3 玻璃纤维增强水泥外墙板

(1) 定义　GRC 外墙板系指以耐碱玻璃纤维为主要增强材料、硫铝酸盐水泥或改性硅酸盐水泥为胶凝材料、砂子为集料制成的玻璃纤维增强水泥（GRC）外墙板。

(2) 分类

① 按照板的构造分类时，四种类型板的代号与主要特征见表 2-38。

表 2-38　按照板的构造分类时，四种类型板的代号与主要特征

类型	代号	主要特征
单层板	DCB	小型或异形板,自身形状能够满足刚度和强度要求
有肋单层板	LDB	小型板或受空间限制不允许使用框架的板(如柱面板),可根据空间情况和需要加强的位置,做成各种形状的肋
框架板	KJB	大型版,由 GRC 棉板与轻钢框架或结构钢框架组成,能够适应板内部热量变化或水分变化引起的变形
夹芯板	JXB	由两个 GRC 面板和中间填充层组成

② 按照板有无装饰层将其分为有装饰层板和无装饰层板。

(3) 技术要求

① 外观　板应边缘整齐，外观面不应有缺棱掉角，非明显部位缺棱掉角允许修补。

侧面防水缝部位不应有孔洞：一般部位孔洞的长度不应大于 5mm、深度不应大于 3mm，每平方米板上孔洞不应多于 3 处。有特殊表面装饰效果要求时除外。

② 尺寸允许偏差　尺寸允许偏差不得超过表 2-39 中的规定。

表 2-39　GRC 外墙板尺寸允许偏差

项目	主要特征
长度	墙板长度≤2m 时,允许偏差:±3mm/m 墙板长度>2m 时,总的允许偏差:≤±6mm/m

续表

项目	主要特征
宽度	墙板宽度≤2m时，允许偏差：±3mm/m 墙板宽度>2m时，总的允许偏差：≤±6mm/m
厚度	0～3mm
板面平整度	≤5mm；有特殊表面装饰效果要求时除外
对角线差(仅适用于矩形板)	板面积小于2m²时，对角线差≤5mm；板面积等于或大于2m²时，对角线差≤10mm

③ 物理力学性能　GRC结构层的物理力学性能应符合表2-40规定。

表2-40　GRC结构层物理力学性能指标

性　能		指标要求
抗弯比例极限强度/MPa	平均值	≥7.0
	单块最小值	≥6.0
抗弯极限强度/MPa	平均值	≥18.0
	单块最小值	≥15.0
抗冲击强度/(kJ/m²)		≥8.0
体积密度(干燥状态)/(g/cm³)		≥1.8
吸水率/%		≥14.0
抗冻性		经25次冻融循环，无起层、剥落等破坏现象

2.3.4 玻璃纤维增强水泥外墙内保温板

(1) 分类与规格

① GRC外墙内保温板按板的类型分为普通板、门口板和窗口板，其代号见表2-41。

表2-41　GRC外墙内保温板类型及其代号

类　型	代　号
普通板	PB
门口板	MB
窗口板	CB

② 玻璃纤维增强水泥外墙内保温板的普通板为条板形式，规格尺寸见表2-42，其外形及断面示意图分别见图2-10、图2-11。

表2-42　GRC外墙内保温板规格尺寸　　单位：mm

类型	公称尺寸		
	长度 L	宽度 B	厚度 T
普通板	2500～3000	600	60、70、80、90

注：其他规格由供需双方商定。

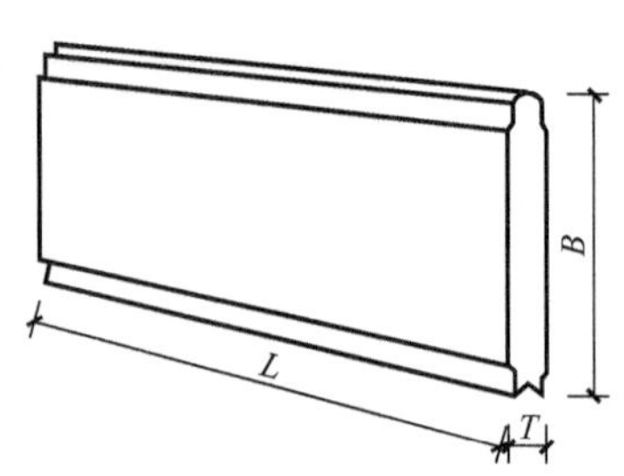

图 2-10 玻璃纤维增强水泥外墙内保温板外形示意图

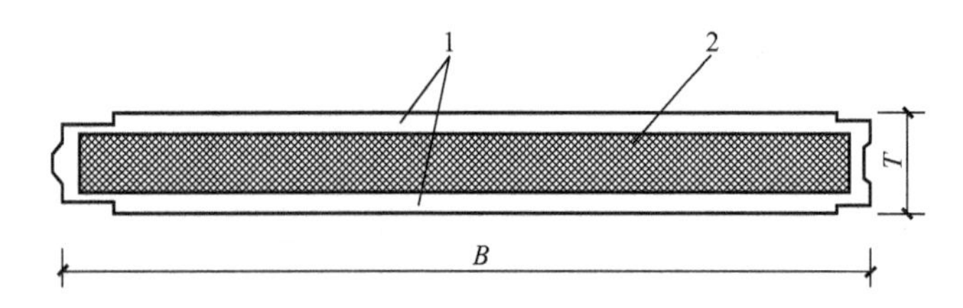

图 2-11 玻璃纤维增强水泥外墙内保温板断面示意图
1—面板；2—芯层绝热材料

（2）技术要求

① GRC 外墙内保温板的外观质量应符合表 2-43 的规定。

表 2-43 GRC 外墙内保温板外观质量

项 目	允许缺陷
板面外露纤维，贯通裂纹	无
板面裂纹	长度≤30mm，不多于 2 张
蜂窝气孔	长径≤5mm，深度≤2mm，不多于 10 处
缺棱掉角	深度≤10mm，宽度≤20mm，长度≤30mm，不多于 2 处

② GRC 外墙内保温板的尺寸允许偏差应符合表 2-44 的规定。

表 2-44 GRC 外墙内保温板尺寸允许偏差 单位：mm

项目	长度	宽度	厚度	板面平整度	对角线差
允许偏差	±5	±2	±1.5	≤2	≤10

③ GRC 外墙内保温板的物理力学性能应符合表 2-45 的规定。

表 2-45 GRC 外墙内保温板物理力学性能

检验项目		技术指标
气干面密度/(kg/m^2)	≤	50
抗折荷载/N	≥	1400
抗冲击性		冲击 3 次，无开裂等破坏现象
主断面热阻/[($m^2 \cdot K$)/W]	T=60mm	0.90
	T=70mm	1.10
	T=80mm	1.35
	T=90mm	1.35

续表

检验项目		技术指标
面板干缩率/%	≤	0.08
热桥面积率/%	≤	8

2.3.5 纤维水泥平板

纤维水泥平板，又称纤维增强水泥平板，是以纤维和水泥为主要原材料生产的建筑用水泥平板，以其优越的性能被广泛应用于建筑行业的各个领域。根据添加纤维的不同分为无石棉纤维水泥平板和温石棉纤维水泥平板，根据成型加压的不同分为纤维水泥无压板和纤维水泥压力板。

2.3.5.1 无石棉纤维水泥平板

无石棉纤维水泥平板是以非石棉类无机矿物纤维、有机合成纤维或纤维素纤维，单独或混合作为增强材料，以普通硅酸盐水泥或水泥中添加硅质、钙质材料代替部分水泥为胶凝材料（硅质、钙质材料的总用量不超过胶凝材料总量的80%），经制浆、成型、蒸汽或高压蒸汽养护制成的板材。

(1) 分类等级和规格

① 无石棉纤维水泥平板的产品代号为：NAF。

② 根据密度可分为三类：低密度板（代号L）、中密度板（代号M）、高密度板（代号H）。根据抗折强度可分为五个强度等级：Ⅰ级、Ⅱ级、Ⅲ级、Ⅳ级、Ⅴ级。

③ 无石棉纤维水泥平板的规格尺寸见表2-46。

表2-46 无石棉纤维水泥平板规格尺寸 单位：mm

项目	公称尺寸
长度	600～3600
宽度	600～1250
厚度	3～30

注：1. 上述产品规格仅规定了范围，实际产品规格可在此范围内按建筑模数的要求进行选择。
2. 根据用户需要，可按供需双方合同要求生产其他规格的产品。

(2) 技术要求

① 外观质量

a. 正表面：应平整、边缘整齐，不得有裂纹、分层、脱皮。

b. 掉角：长度方向≤20mm，宽度方向≤10mm，且一张板≤1个。

② 无石棉纤维水泥平板的形状与尺寸偏差 应符合表2-47的规定。

表2-47 无石棉纤维水泥平板形状与尺寸偏差

项目		形状与尺寸偏差
长度/mm	<1200	±3
	1200～2440	±5
	>2440	±8
宽度/mm	≤1200	±3
	>1200	±5

续表

项　目		形状与尺寸偏差
厚度/mm	<8	±0.5
	8～20	±0.8
	>20	±1.0
厚度不均匀度/%		≤6
边缘直线度/mm	<1200	≤2
	≥1200	≤3
边缘垂直度/(mm/m)		≤3
对角线差/mm		≤5

③ 无石棉纤维水泥平板的物理性能　应符合表 2-48 的规定。

表 2-48　无石棉纤维水泥平板物理性能

类别	密度 D /(g/cm^3)	吸水率/%	含水率/%	不透水性	湿胀率/%	不燃性	抗冻性
低密度	0.8≤D≤1.1	—	≤12	—	压蒸养护制品≤0.25 蒸汽养护制品≤0.50	《建筑材料及制品燃烧性能分级》(GB 8624—2012)不燃性 A 级	—
中密度	1.1<D≤1.4	≤40	—	24h 检验后允许板反面出现湿痕，但不得出现水滴			—
高密度	1.4<D≤1.7	≤28	—				经 25 次冻融循环，不得出现破裂、分层

④ 无石棉纤维水泥平板的力学性能　应符合表 2-49 的规定。

表 2-49　无石棉纤维水泥平板力学性能

强度等级	抗折强度/MPa	
	气干状态	饱水状态
Ⅰ级	4	—
Ⅱ级	7	4
Ⅲ级	10	7
Ⅳ级	16	13
Ⅴ级	22	18

注：1. 蒸汽养护制品试样龄期不小于 7d。

2. 蒸压养护制品试样龄期为出釜后不小于 1d。

3. 抗折强度为试件纵、横向抗折强度的算术平均值。

4. 气干状态是指试件应存放在温度不低于 5℃、相对湿度 60%±10%的试验室中，当板的厚度≤20mm 时，最少存放 3d，而当板厚度≥20mm 时，最少存放 7d。

5. 饱水状态是指试样在 5℃以上水中浸泡，当板的厚度≤20mm 时，最少浸泡 24h，而当板的厚度≥20mm 时，最少浸泡 48h。

2.3.5.2　温石棉纤维水泥平板

石棉水泥平板是以温石棉纤维单独（或混合渗入有机合成纤维或纤维素纤维）作为增强材料，以普通硅酸盐水泥或水泥中添加硅质、钙质材料代替部分水泥为胶凝材料（硅质、钙质材料的总用量不超过胶凝材料总量的 80%），经成型、蒸汽或高压蒸汽养护制成的板材。

(1) 分类、等级和规格

① 石棉水泥平板的产品代号为：AF。

② 根据石棉板的密度分为三类：低密度板（代号 L）、中密度板（代号 M）、高密度板（代号 H）。

a. 低密度板仅适用于不受太阳、雨水和（或）雪直接作用的区域使用。

b. 高密度板及中密度板适用于可能受太阳、雨水和（或）雪直接作用的区域使用。交货时可进行表面涂层或浸渍处理。

③ 根据对石棉板的抗折强度可分为五个强度等级：Ⅰ级、Ⅱ级、Ⅲ级、Ⅳ级、Ⅴ级。

④ 石棉水泥平板的规格尺寸见表 2-50。

表 2-50　石棉水泥平板规格尺寸　　单位：mm

项　目	公称尺寸
长度	595～3600
宽度	595～1250
厚度	3～30

注：1. 上述产品规格仅规定了范围，实际产品规格可在此范围内按建筑模数的要求进行选择。
2. 根据用户需要，可按供需双方合同生产其他规格的产品。

(2) 技术要求

① 外观质量

a. 正表面：应平整、边缘整齐，不得有裂纹、分层、脱皮。

b. 掉角：长度方向≤20mm，宽度方向≤10mm，且一张板≤1 个。

② 石棉水泥平板的形状与尺寸偏差　应符合表 2-51 的规定。

表 2-51　石棉水泥平板形状与尺寸偏差

项　目		形状与尺寸偏差
长度/mm	<1200	±3
	1200～2440	±5
	>2440	±8
宽度/mm		±3
厚度/mm	<8	±0.3
	8～12	±0.5
	>12	±0.8
厚度不均匀度/%		≤6
边缘直线度/mm	<1200	≤2
	≥1200	≤3
边缘垂直度/(mm/m)		≤3
对角线差/mm		≤5

③ 石棉水泥平板的物理性能　应符合表 2-52 的规定。

表 2-52　石棉水泥平板物理性能

类别	密度 D /(g/cm³)	吸水率 /%	含水率 /%	湿胀率 /%	不透水性	不燃性	抗冻性
低密度	0.9≤D≤1.2	—	≤12	≤0.30	—	《建筑材料及制品燃烧性能分级》(GB 8624—2012)不燃性A级	—
中密度	1.2<D≤1.5	≤30	—	≤0.40	24h检验后允许板反面出现湿痕，但不得出现水滴		经25次冻融循环，不得出现破裂、分层
高密度	1.5<D≤2.0	≤25	—	≤0.50			

④ 石棉水泥平板的力学性能　应符合表 2-53 的规定。

表 2-53　石棉水泥平板力学性能

强度等级	抗折强度/MPa		抗冲击强度/(kJ/m²)	
	气干状态	饱水状态	e≤14mm	e>14mm
Ⅰ	12	—	—	—
Ⅱ	16	8	—	—
Ⅲ	18	10	1.8	落球法试验冲击1次，板面无贯通裂纹
Ⅳ	22	12	2.0	
Ⅴ	26	15	2.2	

注：1. 蒸汽养护制品试样龄期不小于 7d。

2. 蒸压养护制品试样龄期为出釜后不小于 1d。

3. 抗折强度为试件纵、横向抗折强度的算术平均值。

4. 气干状态是指试件应存放在温度不低于 5℃、相对湿度 60%±10% 的试验室中，当板的厚度≤20mm 时，最少存放 3d，而当板厚度≥20mm 时，最少存放 7d。

5. 饱水状态是指试样在 5℃以上水中浸泡，当板的厚度≤20mm 时，最少浸泡 24h，而当板的厚度≥20mm 时，最少浸泡 48h。

2.3.6　钢丝网水泥板

（1）分类、级别和规格

① 钢丝网水泥板按用途分为钢丝网水泥屋面板（代号：GSWB）和钢丝网水泥楼板（代号：GSLB）两类。

② 钢丝网水泥屋面板按可变荷载和永久荷载分为四个级别，见表 2-54。

表 2-54　钢丝网水泥屋面板级别　　单位：kN/m²

级别	Ⅰ	Ⅱ	Ⅲ	Ⅳ
可变荷载	0.5	0.5	0.5	0.5
永久荷载	1.0	1.5	2.0	2.5

③ 钢丝网水泥楼板按可变荷载分为四个级别，见表 2-55。

表 2-55　钢丝网水泥楼板级别　　单位：kN/m²

级别	Ⅰ	Ⅱ	Ⅲ	Ⅳ
可变荷载	2.0	2.5	3.0	3.5

④ 钢丝网水泥板外形如图 2-12 所示。

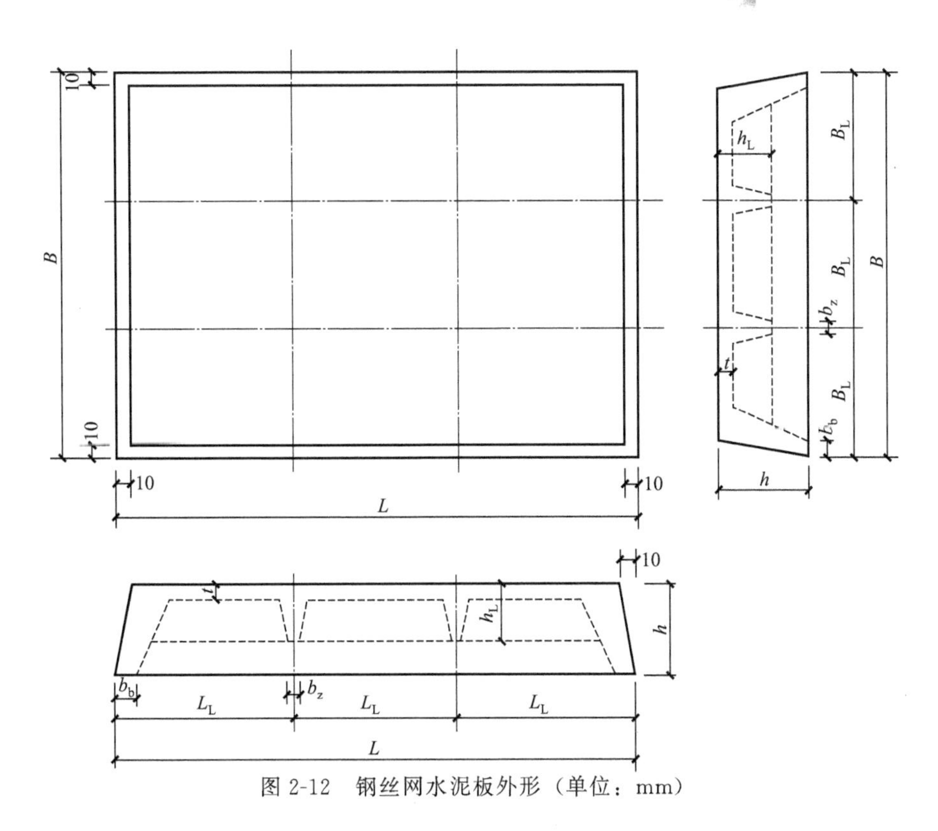

图 2-12　钢丝网水泥板外形（单位：mm）

⑤ 钢丝网水泥屋面板规格尺寸见表 2-56。

表 2-56　钢丝网水泥屋面板规格尺寸　　单位：mm

公称尺寸	长×宽($L\times B$)	高(h)	中肋高(h_L)	肋宽(b)		板厚(t)
				边肋宽(b_b)	中肋(b_z)	
2000×2000	1980×1980	160、180	120、140	32～35	35～40	16、18
2121×2121	2101×2101	180、200	140、160	32～35	35～40	18、20
2500×2500	2480×2480	180、200	140、160	32～35	35～40	18、20
2828×2828	2808×2808	180、200	140、160	32～35	35～40	18、20
3000×3000	2980×2980	180、200	140、160	32～35	35～40	18、20
3500×3500	3480×3480	200、220	160、180	32～35	35～40	18、20
3536×3536	3516×3516	200、220	160、180	32～35	35～40	18、20
4000×4000	3980×3980	220、240	180、200	32～35	35～40	18、20

注：根据供需双方协议也可生产其他规格尺寸的屋面板。

⑥ 钢丝网水泥楼板规格尺寸见表 2-57。

表 2-57　钢丝网水泥楼板规格尺寸　　单位：mm

公称尺寸	长×宽($L\times B$)	高(h)	中肋高(h_L)	肋宽(b)		板厚(t)
				边肋宽(b_b)	中肋(b_z)	
3300×5000	3270×4970	250、300	160、200	32～35	35～40	18、20、22
3300×4800	3270×4770	250、300	160、200	32～35	35～40	18、20、22
3300×1240	3270×1210	200、250	140、180	32～35	35～40	18、20、22
3580×4450	3820×4420	250、300	160、200	32～35	35～40	18、20、22

注：根据供需双方协议也可生产其他规格尺寸的楼板。

（2）技术要求

① 钢丝网水泥板的外观质量　应符合表 2-58 规定。

表 2-58　钢丝网水泥板外观质量

项次	项目	外观质量要求
1	露筋露网	任何部位不应有
2	孔洞	不应有
3	蜂窝	总面积不超过所在面积的 1%，且每处不大于 100cm^2
4	裂缝	任何部位均不应有宽度大于 0.05mm 的裂缝
5	连接部位缺陷	① 肋端疏松不应有； ② 其他缺陷经整修不应有
6	外形缺陷	修整后无缺棱掉角
7	外表缺陷	麻面总面积不超过所在面积的 5%，且每处不大于 300cm^2
8	外表沾污	经处理后，表面无油污和杂物

② 钢丝网水泥板的尺寸允许偏差　应符合表 2-59 规定。

表 2-59　钢丝网水泥板尺寸允许偏差　单位：mm

项次	项目		尺寸允许偏差
1	长度		+10 −5
2	宽度		+10 −5
3	高度		+5 −3
4	肋高、肋宽		+5 −3
5	面板厚度		+3 −2
6	侧向弯曲		≤L/750
7	板面平整		5
8	主筋保护层厚度		+4 −2
9	对角线差		10
10	翘曲		≤L/750
11	预埋件	中心位置偏差	5
		与砂浆面平整	5

2.3.7　水泥木屑板

2.3.7.1　定义

水泥木屑板是用水泥和木屑制成的各类建筑板材的统称。

2.3.7.2　规格

水泥木屑板通常为矩形。

① 水泥木屑板的长度（l）为 2400～3600mm。

② 水泥木屑板的宽度（b）为 900～1250mm。

③ 水泥木屑板的厚度（e）为 6～40mm。

注：允许供需双方协商，生产所需规格的产品。

2.3.7.3　技术要求

（1）外观质量

① 水泥木屑板外观缺陷不得超出表 2-60 的规定。

表 2-60 水泥木屑板的外观缺陷

项目	要 求
掉角	不允许
非贯穿裂纹	不允许
坑包、麻面	长度和宽度两个方向不得同时超过 10mm
污染板面	长度和宽度两个方向不得同时超过 50mm

② 长度或宽度的平直度不得超过±1.0mm/m。

③ 方正度不得超过±2.0mm/m。

④ 平整度不得超过±5.0mm。

(2) 尺寸允许偏差

① 长度（l）和宽度（b）的允许偏差为±5.0mm。

② 厚度（e）的允许偏差应符合表 2-61 的规定。

表 2-61 水泥木屑板厚度允许偏差 单位：mm

公称厚度	$6 \leqslant e \leqslant 12$	$12 < e \leqslant 20$	$e > 20$
厚度允许偏差	±0.7	±1.0	±1.5

(3) 物理力学性能 水泥木屑板的物理力学性能应符合表 2-62 的规定。

表 2-62 水泥木屑板物理力学性能

项 目	要 求
密度(含水率为 9%时)/(kg/m^3)	≥1000
含水率/%	≤12.0
浸水 24h 厚度膨胀率/%	≤1.5
抗冻性	不得出现可见的裂痕或表面无变化
抗折强度/MPa	≥9.0
浸水 24h 后抗折强度/MPa	≥5.5
弹性模量/MPa	≥3000

2.3.8 水泥刨花板

2.3.8.1 定义

水泥刨花板是以水泥为胶凝材料、刨花（由木材、麦秸、稻草、竹材等制成）为增强材料并加入其他化学添加剂，通过成型、加压和养护等工序制成的刨花板。水泥刨花板是现代新型、多功能、理想的建筑和装饰材料，具有质轻、防火、防潮、保温、隔声、无毒害、可锯、可钻、施工方便等特点。可广泛用于各种建筑内外墙、机房地板及普通地板、天花板、活动板房等。

2.3.8.2 分类

(1) 按板的结构 分为单层结构水泥刨花板、三层结构水泥刨花板、多层结构水泥刨花板、渐变结构水泥刨花板。

（2）按使用的增强材料　分为木材水泥刨花板、麦秸水泥刨花板、稻草水泥刨花板、竹材水泥刨花板、其他增强材料的水泥刨花板。

（3）按生产方式　分为平压水泥刨花板、模压水泥刨花板。

2.3.8.3　技术要求

（1）产品分等　水泥刨花板按产品外观质量和理化性能分为优等品和合格品。

（2）产品幅面规格及尺寸偏差

① 厚度　水泥刨花板的公称厚度为4mm、6mm、8mm、10mm、12mm、15mm、20mm、25mm、30mm、36mm、40mm等。

注：经供需双方协议，可生产其他厚度的水泥刨花板。

② 幅面　水泥刨花板的长度为2440～3600mm；水泥刨花板的宽度为615～1250mm。

注：经供需双方协议，可生产其他幅面尺寸的水泥刨花板。

③ 板边缘直度、翘曲度和垂直度允许偏差　应符合表2-63规定。

表2-63　板边缘直度、翘曲度和垂直度允许偏差

序号	项　目	指　标
1	板边缘直度/(mm/m)	±1
2	翘曲度①/%	≤1.0
3	垂直度/(mm/m)	≤2

① 厚度≤10mm的不测。

④ 尺寸偏差

a. 长度和宽度的允许偏差为±5mm。

b. 厚度允许偏差应符合表2-64的规定。

表2-64　水泥刨花板厚度允许偏差　单位：mm

公称厚度	未砂光板				砂光板
	<12mm	12mm≤h<15mm	15mm≤h<19mm	≥19mm	±0.3
允许偏差	±0.7	±1.0	±1.2	±1.5	

（3）外观质量　水泥刨花板的外观质量应符合表2-65的规定。

表2-65　水泥刨花板外观质量

缺陷名称	产品等级	
	优等品	合格品
边角残损	不允许	<10mm,不计 ≥10mm且≤20mm,不超过3处
断裂透痕		<10mm,不计 ≥10mm且≤20mm,不超过1处
局部松软		宽度<5mm,不计 宽度≥5mm且≤10mm,或长度≤1/10板长,1处
板面污染		污染面积≤100mm^2

（4）理化性能　水泥刨花板的理化性能指标应符合表2-66规定。

表 2-66 水泥刨花板理化性能指标

项 目	优等品	合格品
密度①/(kg/m^3)	≥1000	
含水率/%	6～16	
浸水 24h 厚度膨胀率/%	≤2	
静曲强度/MPa	≥10.0	≥9.0
内结合强度/MPa	≥0.5	≥0.3
弹性模量/MPa	≥3000	
浸水 24h 静曲强度/MPa	≥6.5	≥5.5
垂直板面握螺钉力/N	≥600	
燃烧性能	B 级	

①含水率为 9%时所测得的密度。

2.4 岩棉板

2.4.1 岩棉

岩棉是采用天然岩石（如玄武岩、花岗岩、白云岩或辉绿岩等）为基本原料，也可以加入一定量的辅料（如石灰石等），经高温熔融后，用离心法或喷射法制成的一种人造无机纤维。它具有不燃、质轻、热导率低、吸声性能好、绝缘性能好、防腐、防蛀以及化学稳定性强的优点，可以作为某些防火构件的填充材料使用，也可以用热固型树脂为胶黏剂制成防火隔热板材等各类制品加以应用。

岩棉及制品的纤维平均直径应不大于 7.0μm。棉及制品的渣球含量（粒径大于 0.25mm）应不大于 10.0%（质量分数）。岩棉的物理性能应符合表 2-67 的规定。

表 2-67 岩棉的物理性能指标

性 能	指标
密度/(kg/m^3)	≤150
热导率(平均温度70^{+5}_{0}℃,试验密度 150kg/m^3)/[W/(m·K)]	≤0.044
热荷重收缩温度/℃	≥650

注:密度系指表观密度,压缩包装密度不适用。

在岩棉纤维中加入一定量的胶黏剂、增强剂和防尘油等助剂，经配料、混合、干燥、成型、固化、切割、贴面等工序处理后即可加工成各种岩棉制品，它们是一种新型的保温、隔热、吸声材料。按形状进行划分，岩棉制品可以分为岩棉保温板、缝毡、保温带、管壳、吸声板等。岩棉制品在建筑及工业热力设备上应用时均具有较好的节能效果。以上制品还可以在表面粘贴或缝上各种贴面材料，如玻璃纤维薄毡（B)、玻璃纤维网格布（C)、玻璃布（D)、牛皮纸（N)、涂塑牛皮纸（S)、铝箔（L)、铁丝网（T）等。

岩棉制品用途很广泛，适用于建筑、石油、电力、冶金、纺织、国防、交通运输等各行业，是管道、贮罐、锅炉、烟道、热交换器、风机、车船等工业设备的理想的隔热、隔声材料；船舶舱室以不燃的岩棉材料取代可燃材料的应用，在国内外都已得到了普遍的重视；在建筑业中（尤其是在高层建筑中)，要求使用抗震、防火、隔热、吸声等多功能建筑材料已成为必然的趋势。岩棉在国外应用得极为普遍，我国的应用结果也证明其使用效果良好，经济效益十分优越。

2.4.2 岩棉板

岩棉板是以岩棉为主要原料，再经加入少量的胶黏剂加工而成的一种板状防火绝热制品。它是一种新型的轻质绝热防火板材，在建筑工程中广泛作为建筑物的屋面材料和墙体材料得到应用。此外，还可以作为门芯材料用于防火门的生产中。由于板材在成型加工过程中所掺加的有机物含量一般均低于 4%，故其燃烧性能仍可达到 A 级，是良好的不燃性板材，可以长期在 400～100℃的工作温度下进行使用。岩棉用于建筑保温时，大体可包括墙体保温、屋面保温、房门保温和地面保温等几个方面。

岩棉板的外观质量要求：表面平整，不得有妨碍使用的伤痕、污迹、破损。岩棉板的尺寸及允许偏差，应符合表 2-68 的规定。其他尺寸可由供需双方商定，但允许偏差应符合表 2-68 的规定。

表 2-68　岩棉板的尺寸及允许偏差　　单位：mm

长度	长度允许偏差	宽度	宽度允许偏差	厚度	厚度允许偏差
910 1000 1200 1500	+10 −3	500 600 630 910	+5 −3	30～200	+3 −3

岩棉板的物理性能指标应符合表 2-69 的规定。

表 2-69　岩棉板的物理性能指标

密度/(kg/m³)	密度允许偏差/%		热导率/[W/(m·K)]（平均温度 70^{+5}_{0}℃）	有机物含量/%	燃烧性能	热荷重收缩温度/℃
	平均值与标称值	单值与平均值				
40～80	±15	±15	≤0.044	≤4.0	不燃材料	≥500
81～100						≥600
101～160			≤0.043			
161～300			≤0.044			

注：其他密度产品，其指标由供需双方商定。

岩棉板的直角偏离度应不大于 5mm/m；平整度偏差应不超过 6mm；酸度系数应不小于 1.6；长度、宽度和厚度的相对变化率均不大于 1.0%；质量吸湿率应不大于 1.0%；憎水率应不小于 98.0%；短期吸水量（部分浸入）应不大于 1.0kg/m^2。

岩棉板的热导率（平均温度 25℃）应不大于 0.040W/(m·K)，有标称值时还应不大于其标称值。

2.5 膨胀珍珠岩板

2.5.1 膨胀珍珠岩

（1）定义　天然酸性玻璃质火山熔岩非金属矿产（包括珍珠岩、松脂岩和黑曜岩等），在 1000～1300℃高温条件下其体积迅速膨胀 4～30 倍的颗粒状半成品，统称为膨胀珍珠岩。

(2) 分类、等级　膨胀珍珠岩按产品的堆积密度分为 70 号、100 号、150 号、200 号和 250 号五个标号。如需其他标号产品由供需双方商定。各标号产品按性能分为优等品 (A)、合格品 (B) 两个等级。

(3) 技术要求

① 堆积密度、质量含湿率、粒度和热导率　应符合表 2-70 的规定。

表 2-70　堆积密度、质量含湿率、粒度和热导率

标号	堆积密度/(kg/m³)	质量含湿率/%	粒度			热导率(平均温度 298K±2K)/[W/(m·K)]	
			4.75mm 筛孔筛余量/%	0.150mm 筛孔通过量/%		优等品	合格品
				优等品	合格品		
70 号	≤70	≤2.0	≤2.0	≤2.0	≤5.0	≤0.047	≤0.049
100 号	>70～100					≤0.052	≤0.054
150 号	>100～150					≤0.058	≤0.060
200 号	>150～200					≤0.064	≤0.066
250 号	>200～250					≤0.070	≤0.072

② 堆积密度均匀性　应符合表 2-71 的规定。

表 2-71　堆积密度均匀性

等　级	堆积密度均匀性
优等品	≤10%
合格品	≤15%

2.5.2 膨胀珍珠岩装饰吸声板

2.5.2.1　定义

膨胀珍珠岩装饰吸声板是以膨胀珍珠岩为集料，再配合适量的胶黏剂、填充剂、阻燃剂和增强材料，经过搅拌、成型、干燥、焙烧或养护等工艺处理而制成的一种多孔性吸声材料。按所用的胶黏剂类型进行划分，有水玻璃膨胀珍珠岩吸声板、水泥膨胀珍珠岩吸声板、聚合物膨胀珍珠岩吸声板等几类。按板材的表面结构形式进行划分，可分为不穿孔、半穿孔、穿孔、凹凸及复合吸声板等几类。该类板材具有质量轻、装饰效果好、防火、防潮、防蛀、耐腐蚀、不发霉、耐酸、吸声、保温、隔热、施工装配化、可锯割加工等优点，尤其是具有优良的防火性能、吸声性能和装饰效果。

膨胀珍珠岩装饰吸声板常用于影剧院、播音室、录像室、会议室、礼堂、餐厅等公共建筑的音质处理以及工厂、车间的噪声控制，同时也可用于民用公共建筑的顶棚、室内墙面的装修。其密度通常为 250～350kg/m³，热导率为 0.058～0.08W/(m·K)。在工程实际应用中，可按普通天花板及装饰吸声板的施工方法进行安装。

2.5.2.2　分类与规格

(1) 产品分类

① 普通膨胀珍珠岩装饰吸声板（以下简称普通板）：用于一般环境的吸声板，代号为 PB；根据产品的技术指标，普通板又分为优等品、一等品和合格品。

② 防潮珍珠岩装饰吸声板（以下简称防潮板）：经特殊防水材料处理，可用于高湿度环境的吸声板，代号为 FB。根据产品的技术指标防潮板又分为优等品、一等品和合格品。

（2）产品规格

① 边长公称尺寸　400mm×400mm，500mm×500mm，600mm×600mm。

② 产品公称厚度　15mm，17mm，20mm。

③ 其他规格可由供需双方商定。

2.5.2.3　技术要求

（1）板的外观质量　应符合表 2-72 的规定。

表 2-72　膨胀珍珠岩装饰吸声板外观质量

项　目	要　求	
	优等品、一等品	合格品
缺棱、掉角、裂缝、脱落、剥离等现象	不允许	不影响使用
正面的图案破损、夹杂物	图案清晰、无夹杂物混入	
色差(ΔE)	≤3	

（2）板的尺寸允许偏差　应符合表 2-73 的规定。

表 2-73　膨胀珍珠岩装饰吸声板尺寸允许偏差　　单位：mm

项目	优等品	一等品	合格品
边长	+0 −0.3	+0 −1.0	
厚度偏差	±0.5	±0.1	
直角偏离度　≤	0.10	0.40	0.60
不平度　≤	0.8	1.0	2.5

（3）板的物理性能及力学性能、热阻值　应符合表 2-74 和表 2-75 的规定。

表 2-74　膨胀珍珠岩装饰吸声板物理性能及力学性能

板材类别	体积密度/(kg/m³)	吸湿率/%			表面吸水量/g	断裂荷载[①]/N			吸声系数 α_3
		优等品	一等品	合格品		优等品	一等品	合格品	混响室法
PB	≤500	≤5	≤6.5	≤8	—	≥245	≥196	≥157	0.40～0.60
FB		≤3.5	≤4	≤5	0.6～2.5	≥294	≥245	≥176	0.35～0.45

① 表中所示的断裂荷载为均布加荷抗弯断裂荷载。

表 2-75　膨胀珍珠岩装饰吸声板热阻值

公称厚度/mm	热阻值/(m²·K/W)
15	0.14～0.19
17	0.16～0.22
20	0.19～0.26

2.5.3 建筑用膨胀珍珠岩保温板

2.5.3.1 定义

经膨胀珍珠岩为主体材料，与非泡花碱类无机胶凝材料、外加剂等混合后，经压制、养护生产工艺制成的保温板材。该保温板具有环保、质轻、热导率小、保温性能好、耐候性优异、防火等特点，可广泛适用于各类建筑物的内隔断墙、阳台隔板、剪刀梯隔墙以及外墙板等，特别适用于框架结构、框支、框剪结构的高层建筑及加层建筑。是一种理想的轻质、防火、节能型墙体材料。

2.5.3.2 分类、规格

（1）按干密度分　为Ⅰ型、Ⅱ型和Ⅲ型。

①Ⅰ型：干密度不大于200kg/m³。

②Ⅱ型：干密度不大于230kg/m³。

③Ⅲ型：干密度不大于260kg/m³。

（2）推荐规格尺寸　见表2-76。

表2-76　建筑用膨胀珍珠岩保温板推荐规格尺寸　　单位：mm

项　目	指　标
长度	500～600
宽度	300～400
厚度	30～120

注：实际工程中也可以使用其他规格尺寸的板材。

2.5.3.3 技术要求

（1）外观质量　应符合表2-77的规定。

表2-77　建筑用膨胀珍珠岩保温板外观质量

项目		指　标
外观质量	裂纹	不允许
	缺棱掉角	①三个方向投影尺寸的最小值不大于15mm，最大值不大于投影方向边长的1/4； ②三个方向投影尺寸的最小值不大于15mm，最大值不大于投影方向边长的1/4，缺棱掉角总数不得超过5个

注：三个方向投影尺寸的最小值不大于4mm的棱损伤不作为缺棱，最小值不大于4mm的角损伤不作为掉角。

（2）尺寸偏差　应符合表2-78的规定。

表2-78　建筑用膨胀珍珠岩保温板尺寸偏差　　单位：mm

项　目	尺寸偏差
长度	±3.0
宽度	±3.0
厚度	±2.0
弯曲度	≤4.0
对角线偏差	≤4.0

(3) 性能要求　应符合表2-79的规定。

表2-79　建筑用膨胀珍珠岩保温板性能要求

试验项目		指标要求		
		Ⅰ型	Ⅱ型	Ⅲ型
干密度/(kg/m³)		≤200	≥201,≤230	≥201,≤260
体积含水率/%		≤12.0	≤10.0	≤8.0
热导率/[W/(m·K)]		≤0.055	≤0.060	≤0.068
抗拉强度/MPa		≥0.10	≥0.12	≥0.14
抗压强度/MPa		≥0.30	≥0.40	≥0.50
燃烧性能		A级		
抗冻性①	质量损失率/%	≤5.0		
	抗压强度损失率/%	≤25.0		
憎水率/%		≥98.0		
软化系数/%		≥0.8		
线性收缩率/%		≤0.30		
湿热强度损失率[(70±2)℃,2h]/%		≤50.0		
匀温灼烧性②(750℃,0.5h)	线性收缩率/%	≤8		
	质量损失率/%	≤25		

① 对不同气候区规定不同次的冻融循环(严寒地区50次、寒冷地区35次、夏热冬冷地区25次)。
② 膨胀珍珠岩保温板用于防火隔离带时,必须进行规定的匀温灼烧性检验。

2.6　防火板材在建筑中的应用

2.6.1　嵌装式装饰石膏板的应用

嵌装式装饰吸声石膏板主要用于吸声要求高的建筑物装饰,如影剧院、音乐厅、播音室等。使用嵌装式装饰石膏板时,应注意选用与之配套的龙骨。

2.6.2　石膏砌块的应用

与水泥胶凝材料比较,石膏胶凝材料的强度较低,耐水性较差,这就界定了它的使用范围宜以室内为主,并用于非承重部位。根据这一定位,100多年来,在建筑业方面,各国科技工作者开发了许多适宜在室内使用的石膏建筑材料,国外多以纸面石膏板和石膏砌块为主,用于非承重内隔墙、外墙的内侧与室内贴面墙、竖井墙和室内钢结构耐火包覆等。

选用石膏砌块应注意的问题:

(1) 耐水性　石膏是一种微溶于水的物质,在可能与水接触的地方,须采取严密的防水措施。如生产砌块时,在配料中加防水剂或防水掺合料,根据可能与水接触的范围,在隔墙上作局部或全部的防水贴面或涂层;缝隙与孔洞必须用密封膏封严;除此之外,还可在砌筑隔墙之前,做一个砖或混凝土墙垫。

(2) 板缝开裂　各种轻质隔墙的板缝开裂已成为通病。主要原因有材质问题、隔墙构造问题、隔墙与主体结构的连接问题等。

(3) 轻质隔墙的材质　归结起来可分为两类,一类为水泥或硅酸盐基的,另一类为石膏

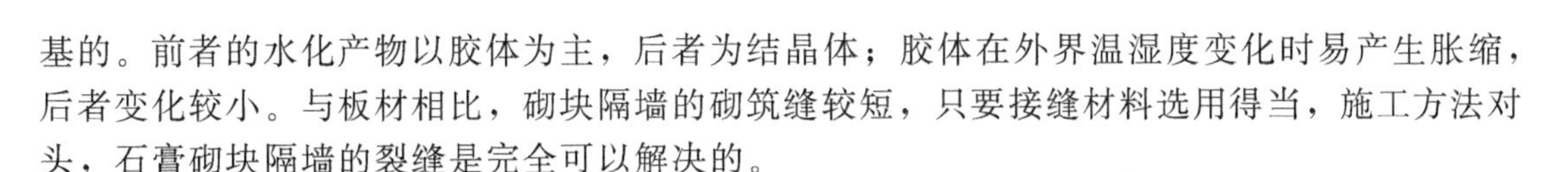

基的。前者的水化产物以胶体为主，后者为结晶体；胶体在外界温湿度变化时易产生胀缩，后者变化较小。与板材相比，砌块隔墙的砌筑缝较短，只要接缝材料选用得当，施工方法对头，石膏砌块隔墙的裂缝是完全可以解决的。

(4) 石膏砌块隔墙的隔声性　在建设部组织编制的“住宅部品非承重内隔墙技术条件”中规定：分户隔墙的空气声计权隔声量，实验室测量值不应小于 50dB，现场测量值不应小于 45dB。套内分室隔墙的空气声计权隔声量，实验室测量值不应小于 35dB，现场测量值不应小于 30dB。我国现有的非承重内隔墙难以满足分户墙的要求，需要采取必要的技术措施，如双层做法；在隔墙上加隔声层。

(5) 价格　单看石膏砌块的价格，略高于其他类砌块，但它施工简便、效率高，省去抹灰工序，实现干法施工，性价比要好。

2.6.3 硅酸钙板的应用

硅酸钙板除了在建筑物中用作隔墙板和吊顶板的材料使用以外，在工业上还可以用于对表面温度不大于 650℃的各类设备、管道及其附件进行隔热和防火保护。在进行室内装修工程时，硅酸钙板的安装方法与纸面石膏板基本相同。在墙体安装时，可以采用木龙骨、轻钢龙骨或其他材料的龙骨组成墙体构架，然后装敷硅酸钙板，用相应的螺钉或胶钉结合的方法将其固定在龙骨之上，然后找平，抹上腻子嵌缝，最后再进行粘贴壁纸或涂刷涂料等表面装饰。在安装吊顶时，也是先架设吊顶龙骨，然后安装吊顶板。如采用 T 形轻钢龙骨或铝合金龙骨时，施工更为简单方便。

在建筑结构保护上，它主要用于对各类钢结构构件进行防火保护。在实际工程应用中，应根据钢构件的种类、外形、安装部位以及防火要求的不同，科学、合理地设计安装结构。对于不同的钢构件，需要采用不同的构造结构和施工方法。必要时可以与喷涂钢结构防火涂料等其他防火保护方式结合使用，以保证为构件提供足够的防火保护。实践表明：即使是用同一种板材来保护相同的钢构件，由于设计结构的不同，也会得到迥然不同的结果。合理的钢结构防火保护方式会大大地提高钢构件的耐火性能。

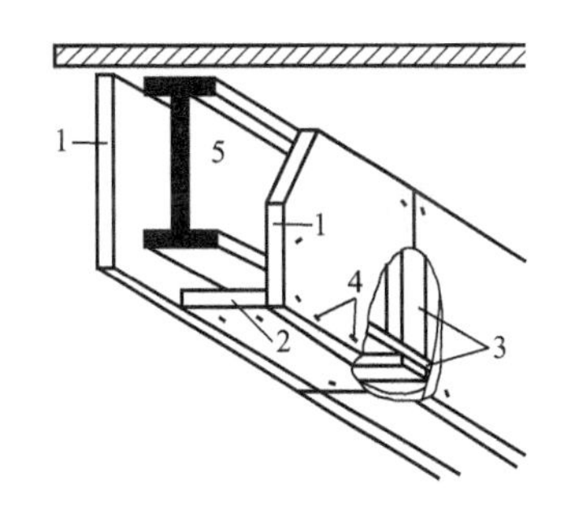

图 2-13　板材保护钢构件时的典型结构
1—硬硅钙板，15mm 厚；2—硬硅钙板，20mm 厚；3—结合缝条；4—自攻螺钉；5—钢梁

一般用板材保护钢构件时的典型结构如图 2-13 所示。

(1) 钢梁的保护结构　图 2-13 给出的是用硬硅钙板保护钢梁的结构示意。内衬 100mm（宽）×25mm（厚）的结合缝条，硬硅钙板通过自攻螺钉固定在结合缝条上。其中，硬硅钙板的厚度分别为 15mm 和 20mm，所保护的钢构件的耐火极限可以达到 2.0h。

图 2-14～图 2-17 分别给出了对不同安装部位的钢梁的防火保护包覆方式。

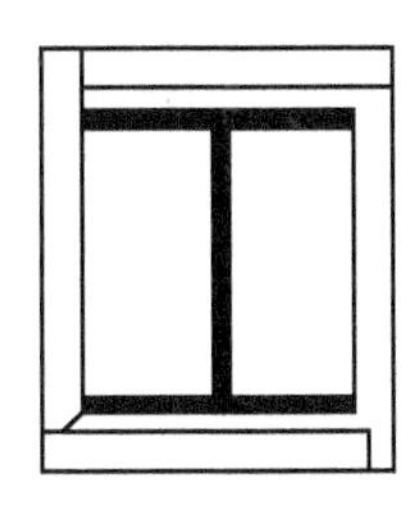

图 2-14　四面包覆

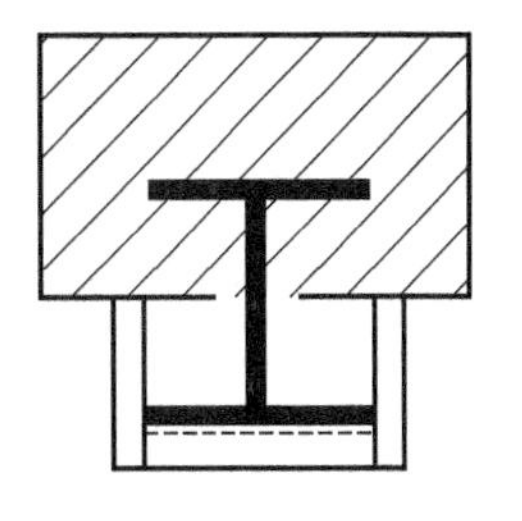

图 2-15　三面包覆

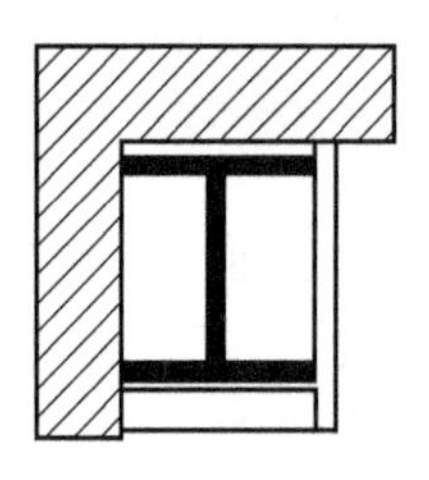
图 2-16　两面包覆

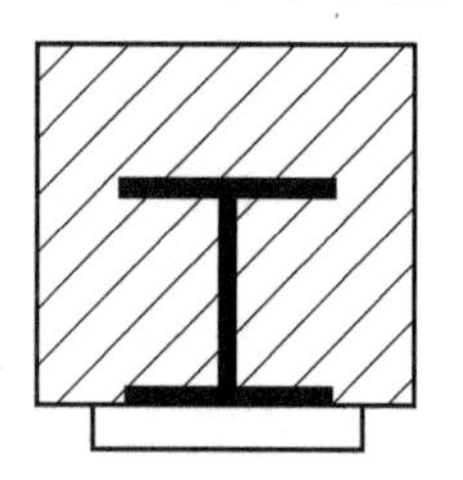
图 2-17　一面包覆

（2）钢柱的保护结构　如图 2-18 所示是用硬硅钙板直接包覆钢柱的结构示意。板材通过自攻螺钉进行固定，板材厚度为 15mm 和 20mm。所保护的钢构件的耐火极限可以达到 2.0h。

如图 2-19 所示是将硬硅钙板包覆在轻钢龙骨上的结构示意。轻钢龙骨的规格为 40mm×20mm×0.6mm 或以上。板材通过自攻螺钉固定在轻钢龙骨上，板材厚度为 15mm 和 20mm。所保护的钢构件的耐火极限可以达到 2.0h。

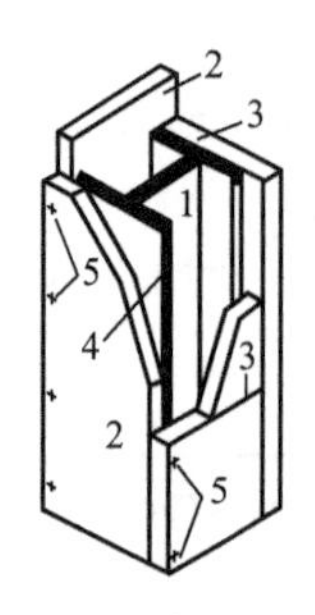

图 2-18　安装方法（一），
直接包覆钢柱（D>12mm）
1—钢柱；2—硬硅钙板，15mm 厚；
3—硬硅钙板，20mm 厚；
4—轻钢龙骨；5—自攻螺钉

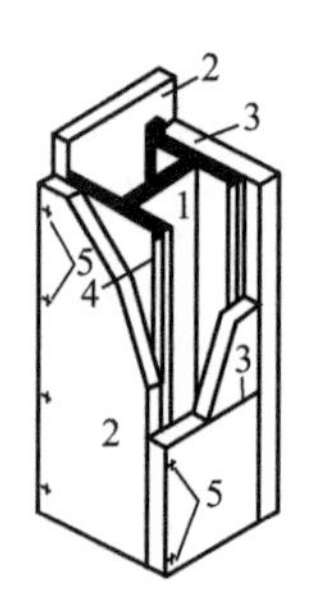

图 2-19　安装方法（二），
包覆在轻钢龙骨上
1—钢柱；2—硬硅钙板，15mm 厚；
3—硬硅钙板，20mm 厚；
4—轻钢龙骨；5—自攻螺钉

图 2-20～图 2-22 分别给出了不同形状的钢柱的防火包覆方式。

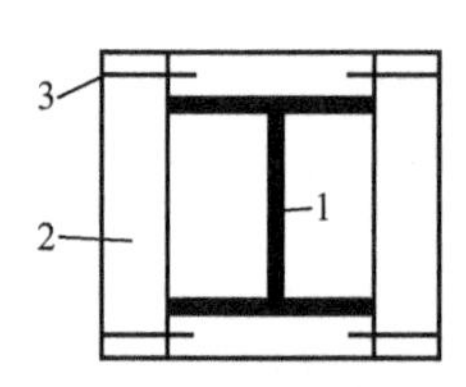

图 2-20　工字钢柱
1—钢柱；2—硬硅钙板，
15mm 厚；3—自攻螺钉

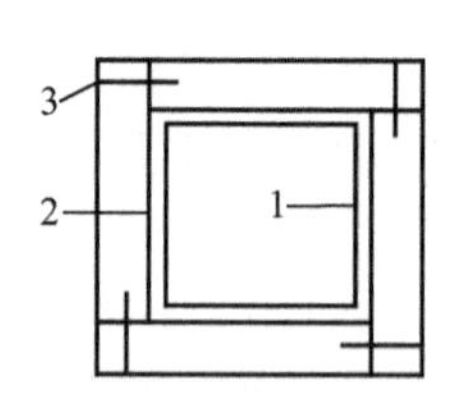

图 2-21　方柱
1—钢柱；2—硬硅钙板，
15mm 厚；3—自攻螺钉

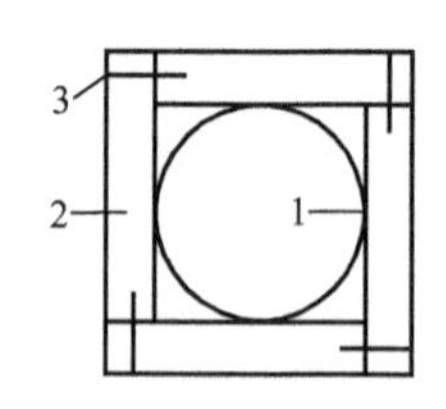

图 2-22　圆柱
1—钢柱；2—硬硅钙板，
15mm 厚；3—自攻螺钉

构件的耐火性能和施工性能是评价其耐火保护结构设计是否先进、合理的主要考核指标。好的耐火保护结构应该具有施工方便、快捷、高效和耐火性能好等优点。在具体施工过程中，应根据现场的施工要求和工程实际条件来选择合适的施工方式。

2.6.4　水泥木屑板的应用

（1）复合内墙板　水泥木屑板作非承重的复合内墙板，墙板的规格为：900mm×（3000～

3200)mm×(12～14)mm，1250mm×(3000～3200)mm×(12～14)mm。其物理力学性能列于表2-80。

表2-80 复合内墙板的物理力学性能

项目	指　标
抗弯强度	在1.5kPa均布荷载下，挠度4.52mm，极限抗弯强度1.92kPa
抗冲击性(冲击龙骨部位)	10kg砂袋1mm落差，连续撞击10次，无任何开裂、破坏
隔声性	隔声指数44dB，内填沥青矿棉隔声指数46
耐火极限	0.50～0.75h

注：1. 复合内墙板规格为900mm×3000mm×150mm(12+126+12)。
2. 用水泥木屑板作龙骨。

从表2-80中可以看出，非承重水泥木屑板复合墙体的性能完全能满足分室内隔墙的要求。

用于复合内墙板的龙骨一般为木龙骨、轻钢龙骨与水泥木屑板龙骨。复合墙板安全方便，其安装方法为：先安顶、地龙骨，用射钉或膨胀螺栓分别将其固定在钢筋混凝土梁与混凝土地面上；接着安竖龙骨，竖龙骨的间距为450～600mm；然后安墙板，墙板的固定，一般在距板边20mm起钉自攻螺钉或钉子，钉距为300mm，以将板固定在龙骨上。板与板之间一般留有4～6mm缝隙，最后用刚性接缝材料或弹性嵌缝膏连接。因此，施工速度快。近年来复合内墙板的使用已取得了较好的效果。

(2) 天花板　用水泥木屑板作天花板，容重为800kg/m³，规格为500mm×1000mm×8mm（表面配有各种花色图案）。

天花板的安装，若采用⊥形铝合金或轻钢龙骨，只需待龙骨吊好后，将裁好的水泥木屑天花板装入龙骨框内即可；若采用木龙骨或U形轻钢龙骨，则用自攻螺钉将天花板与龙骨固定，天花板之间可留8～10mm的缝，缝内可按设计选用的颜色刷一道涂料，亦可用铝压缝条、塑料压缝条或木条将缝压严。

水泥木屑天花板具有隔热、防火、不变形、不结露以及价廉等优点，在礼堂、办公楼、织布车间与民用建筑的天棚中，得到了应用。

(3) 壁橱、壁柜　水泥木屑板不但具有水泥制品的性能，而且具有木制品的性能，因此亦是制作壁橱、壁柜和吊柜的适宜材料之一。尤其是水泥木屑板具有防潮、防火与无有害物散发的优点，是木质刨花板所无法比的。此外，水泥木屑板的价格为木质刨花板的1/2。

水泥木屑板壁橱、壁柜的制作，采用钉粘相结合，黏结剂一般使用107胶加水泥或有机树脂胶泥。

用水泥木屑板制作壁橱、壁柜，用户反映尚好。

(4) 屋面中波瓦　用水泥、木屑、刨花等材料还可制作水泥木纤维中波瓦，产品规格为720mm×1800mm×10mm。其物理力学性能列于表2-81。

表2-81 水泥木纤维中波瓦的物理力学性能

项　目		指　标
含水率/%		10～15
抗折力	纵向/kN	不低于1.5
	横向/kN	不低于0.9
吸水率/%		<20

续表

项目	指标
抗冻性(冻融25次)	无起层、无裂纹、无龟裂
不透水性	表面贮水24h不透水
热导率/[W/(m·K)]	0.17～0.23

从表2-81中可以看出，水泥木纤维中波瓦的技术指标超过了菱苦土瓦，接近石棉水泥中波瓦的部颁指标。尤其是该瓦隔热性好，价格低于石棉水泥瓦。

(5) 封檐板　水泥木屑板不但耐久性好，而且可加工性亦好，板材可锯、可钉、可直接在表面进行油漆等饰面装饰，所以是作坡顶屋面封檐板的良好代木材料。

(6) 旧建筑物的加层　水泥木屑板组成的复合墙体是旧建筑物加层的适宜材料之一。水泥木屑板复合墙体不仅具有良好的物理力学性能，而且每平方米墙体的质量只有12cm厚砖墙双面抹灰自重的1/7，大大减轻了建筑的自重。墙体的安装方法同复合内墙板。但对用于外墙板，要求使用轻钢龙骨，板材的容重不小于1200kg/m^3，厚度不小于18mm，最后用外墙涂料饰面。

(7) 建筑模板　水泥木屑板可作建筑模板，由于混凝土与水泥木屑板的黏结力强，浇灌后可结合成整体；以及水泥木屑板表面细洁平整，可免去砂浆找平层。所以，水泥木屑板模板通常用作永久性模板，其费用较木模板增加不多，且能简化施工工序，加快施工速度。

(8) 工棚与活动房屋　用水泥木屑板做成工棚或活动房屋的优点是隔热、防火、耐久性好，装卸方便。而且从屋面覆盖材料、吊顶、墙体与地板均可使用水泥木屑板系列产品，造价较低。特别是防火性能较其他材料优越。

(9) 卫生间　用水泥木屑板制作吊顶与墙体材料的组合卫生间，由于在潮湿的环境中具有不结水珠的优点，因而给使用带来很大方便。人们曾在旅馆的室内卫生间中使用，取得了良好的效果。

使用注意事项：

① 为保证使用质量，要求选用符合质量标准要求的水泥木屑板产品，不合格品不得使用。

② 用水泥木屑板组合的复合内墙体，如用水泥木屑板作龙骨，顶、地龙骨要求采用轻钢龙骨。为保证复合墙体在使用过程中的整体性，并不受干缩、湿胀变形的影响，墙板之间的接缝除用刚性接缝材料外，必须根据墙体的长度，在适当部位采用弹性嵌缝材料（如丙烯酸密封膏或聚氨酯密封膏）接缝。此外，复合内墙体的安装，一般要求在浇灌混凝土地面后进行，如在浇灌混凝土地面前进行，则局部接触混凝土地面的墙体，必须增强一道防水涂料处理。

③ 水泥木屑板墙板，由于幅面大，在搬运时，必须竖向搬运，不得水平搬运，并严禁抛掷。

④ 水泥木屑板的贮存，要求堆放在坚实、平整的干燥场地，并防止雨淋。

2.6.5　岩棉的应用

岩棉在建筑上的应用主要有外墙外保温、防火隔离带、屋面保温3种应用形式。

外墙保温岩棉板具有较高的抗压和抗拉伸强度、较低的吸水和吸湿性、尺寸稳定性良好、不会产生热膨胀或收缩、耐老化等优点，能与外墙系统兼容，对建筑物提供有效的保温节能、防火及极端气候保护等多种性能。岩棉不燃烧，不释放热量和有毒烟气，火灾发生时还可以有效隔断火焰蔓延，防火性能卓越。另外，岩棉对碳钢、铝（合金）、铜等金属材料及建筑物中各种构件均不产生腐蚀，具有高效的吸声降噪和弹性消振的物理特性，不吸湿、耐老化，性能长期稳定。

岩棉带可以作为防火隔离带，与燃烧性能达不到A级的保温材料配套使用，以提高建筑物外墙的消防防火功能。外保温系统中采用岩棉作为防火隔离带能有效地阻止火焰在系统内部的传播。在火灾条件下，防火隔离带既要阻止或减缓火源对直接受火区域内外保温系统的攻击，又要阻止火焰通过外保温系统向外传播。同时，还要能够维持自身阻火构造体的稳定存在及维持系统保护面层的基本稳定。

高强度的防火岩棉板可以作为保温层和承载层，与柔性防水卷材、隔汽层、系统紧固件组合形成的屋面系统，一般应用于工业厂房、机场、商场、体育场馆及仓储设施等钢结构或混凝土平顶屋面。这种系统是一种具有安全防火、高效节能和吸声隔声功能的新型屋面体系，目前在欧美等国家已经得到广泛应用。

当然，岩棉作为一种保温材料，首先是出现在工业领域中。在一些厂房车间中，只要有传热情况的发生，基本上都能看到岩棉的身影，比如在锅炉上使用岩棉，构建成轻质炉墙，在保温的同时，也可以减轻大型火力发电锅炉或快装锅炉整体重量；此外，由于岩棉板可以作30°以内的弯曲，同时具有半硬质和软质的双重特点，可用作大直径的设备管道保温，非常便于施工。

除此之外，岩棉的优异性能也吸引了其他特殊领域的注意，比如造船行业和农业。船只是一类特殊的交通工具，尤其对远洋船只，一旦发生灾难，会出现救援困难、补给困难、人员逃生概率低等困境，为防患于未然，此类行业对材料的选择尤为重视。在国内的造船行业中，到20世纪末，各大造船厂基本完成了复合岩棉板取代硅酸钙板的过程。

在农业领域，无土栽培技术逐渐受到重视。由于岩棉不含化学添加物，本身也体现出极好的化学惰性，质轻、多孔，对化学施肥不产生任何影响，并且作物根部气相比例高，疏水性强，是水培系统中比较理想的基质。我国20世纪90年代引进使用效果良好，受到园艺种植者的青睐。

目前，国内现有成熟的矿物棉制品生产线单线产能在2万～3万吨，然而现有技术已满足不了更大产能、更低能耗、更加自动化的绿色生产要求。为改善这种局面，我国岩棉产业已经为此做出了很多努力，如某院通过自主研发和部分关键部件的引进实现了对年产5万吨级矿物棉生产线的设计。这类生产线实现了矿物棉规模化生产，同时大大降低了生产能耗；在生产过程中，采用自动化智能化物流系统，提高了生产线自动化程度。正是通过这种变革，改变了传统岩棉产业粗放式的生产模式，进而转向集约化生产管理模式。

节能减排是实现绿色生产不可忽视的环节。然而，依据我国矿物棉发展现状，节能减排的任务依然非常沉重。在国家节能减排的大趋势下，矿物棉生产中产生的废气、废水及废渣（简称“三废”）需要进行综合治理及管理，符合环境管理部门检测，符合国家相关政策要求。

大体上，现代化岩棉生产线若要实现绿色生产目标，往往要着眼于以下几点。一是回收利用一氧化碳。众所周知，一氧化碳有毒，且会造成温室效应。但同时一氧化碳本身又是一种燃料，它是煤气的主要成分。现代化生产线往往设立了废气焚烧装置，充分燃烧废气中的一氧化碳。同时，为了节能，对余热也要加以回收利用，比如可以使用换热系统首先供暖，或加热自来水，实现工厂生活区的日常热水供应，更彻底地实现节能目标。二是废水的回收利用。废水几乎是所有工业生产线都要考虑的问题。废水回收系统或废水净化系统是现代化生产线所必需的。对岩棉产业，污水经过过滤装置处理后，回用至黏结剂配制站，可实现生产废水零排放。三是过滤粉尘。粉尘是悬浮在空气中的细小颗粒，长期吸入会对工人和附近居民的健康造成很大危害。现代化生产线应配备完善的粉尘过滤体系，过滤废气中携带的粉尘，实现废气的达标排放，同时，过滤下来的粉尘应设法回收利用。四是避免二氧化硫的排放。二氧化硫是造成酸雨的主要元凶，同时也危害人类的生命健康。现代化生产线应配备脱硫系统，去除废气中的二氧化硫，实现清洁化生产的目标。五是固体废物的回收。生产线产生的废渣、废棉应该通过回用系统重新用于矿物棉生产，从而实现矿物棉生产线固废的循环使用，降低生产成本。

目前，以某院设计出的生产线为代表的一系列现代化生产线，正是通过以上一系列的先进环保处理技术，真正实现了工厂的洁净生产，环境友好。

同时，对企业本身来说，实现绿色生产不仅符合国家政策和人们的愿望，同时对企业本身的盈利，往往也有所裨益。生产废料的乱排放行为不仅损害了环境和人们的利益，即便从企业自身的利益来说，也是一种短视行为。以上文所提到的固废回收来说，工业固体废物（简称工业固废）是在工业生产过程中排出的采矿废石、选矿尾矿、燃料废渣、冶炼及化工过程废渣等固体废物。根据《大宗工业固体废物综合利用“十二五”规划》中的相关数据统计，大宗工业固废总堆存量达到 270 亿吨，堆存将新增占用 40 万亩（1 亩＝666.7m^2）。工业固废直接排入环境会造成严重环境污染，而填埋处理需占用大量的土地资源，同时造成资源的浪费。

就矿物棉行业而言，国际上已经有少数发达国家研发出新的矿物棉生产技术，利用工业固废代替天然矿石作为矿物棉生产原料，这种技术可以把 90%以上的固废变废为宝。该技术的运用一方面减少了天然矿石的消耗，另一方面能够有效处理工业固废，实现能源优化利用，是一种值得大力提倡的技术。然而国内矿物棉生产使用的原料仍然以天然矿石为主，添加少量的工业矿渣。而工业固废为原料大规模用于矿物棉生产技术在国内仍处于起步阶段，急需通过自主研发实现工业固废回收的综合利用及天然矿石资源的保护。如果采用矿物棉生产新技术，就 2014 年我国矿物棉总产能 215 万吨估算，可增加矿物棉行业收入约 8.6 亿元，经济价值非常可观。

2.6.6 膨胀珍珠岩的应用

膨胀珍珠岩是一种传统的建筑保温材料，应用非常广泛。它的主要性能指标是：容重 40.300kg/m^3；无论是在高温还是在低温环境下，其热导率均小于 0.17W/(m·K)；安全使用温度为 800℃；质量吸湿率 400%；抗冻性能好，在−20℃时，经 15 次冻融粒度组成不变；其耐酸性优良，但耐碱性略差。20 世纪 60 年代初，我国的膨胀珍珠岩制品主要用于各种热力管道，制冷设备及建筑物的保温绝热。这些膨胀珍珠岩制品具有较小的热导率，而且无毒无味、不霉及不燃。到 70 年代，随着一些工程对吸声材料的需要，一种以膨胀珍珠岩为主要原料的吸声材料在我国出现，近年来，膨胀珍珠岩制品的研究和开发主要着重于使其不仅具有保温绝热及吸声性能，而且具有一定的装饰性和防水性，在制品生产设备上，向机械化流水线生产发展。但是，由于膨胀珍珠岩吸水率较高，在墙体温度变化时，珍珠岩因吸水膨胀产生鼓泡开裂现象，降低了材料的保温性能。另外，由于珍珠岩保温材料多出于珍珠岩与水泥结合体，就出现了难以解决的强度与热导率的矛盾，这给其作为建筑保温材料带来了致命的缺陷。首先，运用白云石和珍珠岩作内衬保温介质材料，进行腔体温度对比实验，结果发现，在高温高压下，白云石的保温性能优于珍珠岩。其次，在常温常压下热导率低的物质，其在高温高压下不一定也具有优异的保温性。最后，从保温性及压制成型方面考虑，珍珠岩不适合作为合成金刚石的保温传压介质材料。

这种不尽如人意之处招致了国家建设部下文限制使用膨胀珍珠岩作为内保温浆料的厄运。

近年来，党中央国务院高度重视发展循环经济和建设节约型社会。我国大力发展节能省地型住宅，全面推广和普及节能技术，对保温材料的研究力度加大，珍珠岩的保温性能研究终于获得了重大突破。珍珠岩砂是一种比 OFC2300 高效集渣剂稍差但比稻草灰好得多的聚渣保温材料，且价格低廉。应用珍珠岩和过滤网后，夹渣、气孔、砂眼、冷隔缺陷大量减少，达到了良好的质量效果和经济效果。

① 黏结渣釉，聚集成块，便于扒除，净化铁液。

② 在浇注时不用挡渣。

③ 在浇包输送及浇注过程中，覆盖的熔壳使铁液晃动减轻，防止了外溅。

④ 保温性能好，使铁液降温速度减慢。

我国珍珠岩行业的科研人员经过几年的科研攻关，对膨胀珍珠岩进行科研攻关，先后研制成功了闭孔珍珠岩和玻化微珠。

闭孔珍珠岩加工工艺是采用电炉加热的方式，通过对珍珠岩矿砂的梯度加热和滞空时间的精确控制，使产品表面熔融，气孔封闭，内部保持蜂窝状结构不变。闭孔珍珠岩克服了传统膨胀珍珠岩吸水率大、强度低、流动性差的特点，延伸了膨胀珍珠岩的应用领域，最终形成了规模化生产。

玻化微珠，是一种无机玻璃质矿物材料，经过特殊生产工艺技术加工而成，呈不规则球状体颗粒，内部多孔空腔结构，表面玻化封闭，光泽平滑，理化性能稳定，具有质轻、绝热、防火、耐高低温、抗老化、吸水率小等优异特性，可替代粉煤灰漂珠、玻璃微珠、膨胀珍珠岩、聚苯颗粒等诸多传统轻质集料在不同制品中的应用，是一种环保型高性能新型无机轻质绝热材料。从以下产品主要性能对照，我们就可以根据不同理化性能分别加以应用。

闭孔珍珠岩和玻化微珠不但具有珍珠岩具有的质量小、稳定抗老化、防火、绿色环保等特点，又克服了一般珍珠岩热导率高的弊端，是理想的外墙保温系统的轻质集料。

 建筑防火涂料及应用

3.1 防火涂料概述

3.1.1 防火涂料的特点

防火涂料又称为阻燃涂料，在我国现有的涂料品种中属于特种涂料。该类涂料都具有双重性能，当防火涂料涂覆于被保护的可燃基材上时，在正常情况下具有装饰、防锈、防腐及延长被保护材料使用寿命的作用；当遇到火焰或热辐射的作用时，防火涂料可迅速发生物理及化学变化，具有隔热、阻止火焰传播蔓延以及阻止火灾发生和发展的作用。

防火涂料的特点如下：

① 防火涂料本身具有难燃性或不燃性，使被保护的可燃性基材不直接与空气接触，从而延迟基材着火燃烧。

② 防火涂料遇火受热分解出不燃的惰性气体，稀释被保护基材受热分解出的易燃气体和空气中的氧气，抑制燃烧。

③ 燃烧被认为是自由基引起的链锁反应，而含氮、磷的防火涂料受热分解出一些活性自由基团，与有机自由基化合，中断链锁反应，降低燃烧速度。

④ 膨胀型防火涂料遇火膨胀发泡，生成一层泡沫隔热层，封闭被保护的基材，阻止基材燃烧。

3.1.2 防火涂料的种类

防火涂料的类型可用不同的方法来定义。

（1）按所用基料的性质分类　根据防火涂料所用基料的性质，可分为有机型防火涂料、无机型防火涂料和有机无机复合型三类。有机型防火涂料是以天然的或合成的高分子树脂、高分子乳液为基料；无机型防火涂料是以无机黏结剂为基料；有机无机复合型防火涂料的基料则是以高分子树脂和无机黏结剂复合而成的。

有机型防火涂料和无机型防火涂料所采用的防火助剂和阻燃剂的品种有较大差别，涂层形式、涂层燃烧后的性状及防火机理也都不同。

（2）按所用的分散介质分类

① 溶剂型防火涂料　溶剂型防火涂料的分散介质和稀释剂采用有机溶剂，常用的如烃类化合物（环己烷、汽油等）、芳香烃化合物（甲苯、二甲苯等）、酯、酮、醚类化合物（醋酸丁酯、环己酮、乙二醇乙醚等）。溶剂型防火涂料存在易燃、易爆、污染环境等缺点，其应用日益受到限制。

② 水性防火涂料　水性防火涂料以水为分散介质，其基料为水溶性高分子树脂和聚合物乳液等。生产和使用过程中安全、无毒，不污染环境，因此是今后防火涂料发展的方向。其中乳液型防火涂料更为世人所关注。但就目前的技术水平看，水性防火涂料的总体质量不如溶剂型防火涂料，因此在国内的使用目前尚不如溶剂型防火涂料广泛。

(3) 按涂层的燃烧特性和受热后状态变化分类　按涂层受热后的燃烧特性和状态变化，可将防火涂料分为非膨胀型防火涂料和膨胀型两类。

① 非膨胀型防火涂料　非膨胀型防火涂料又称隔热涂料。这类涂料在遇火时涂层基本上不发生体积变化，而是形成一层釉状保护层，起到隔绝氧气的作用，从而避免延缓或中止燃烧反应。这类涂料所生成的釉状保护层热导率往往较大，隔热效果差。因此为了取得较好的防火效果，涂层厚度一般较大。即使如此，与膨胀型防火涂料相比，非膨胀型防火涂料的防火隔热的作用也很有限。

② 膨胀型防火涂料　膨胀型防火涂料涂层在遇火时涂层迅速膨胀发泡，形成泡沫层。泡沫层不仅隔绝了氧气，而且因为其质地疏松而具有良好的隔热性能，可有效延缓热量向被保护基材传递的速率。同时涂层膨胀发泡过程中因为体积膨胀等各种物理变化和脱水、炭化等各种化学反应也消耗大量的热量，因此有利于降低体系的温度，故其防火隔热效果显著。

早期研制的防火涂料主要是非膨胀型的。由于非膨胀型防火涂料的涂层一般比膨胀型防火涂料厚得多，因而其单位面积用量大、使用成本高、装饰效果差，而且其防火隔热效果不及膨胀型防火涂料，因此目前除了石化、油田等特殊场合外，非膨胀型防火涂料已逐步被膨胀型防火涂料所取代。

(4) 按使用目标分类　按防火涂料的使用目标来分，可分为钢结构防火涂料、混凝土结构防火涂料、饰面型防火涂料、电缆防火涂料、隧道防火涂料、船用防火涂料等多种类型。其中钢结构防火涂料根据其使用场合可分为室内型和室外型两类，根据其涂层厚度和耐火极限又可分为厚质型、薄型和超薄型三类。

厚质型防火涂料一般为非膨胀型的，厚度为5～25mm，耐火极限根据涂层厚度有较大差别；薄型和超薄型防火涂料通常为膨胀型的，前者的厚度为2～5mm，后者的厚度为小于2mm。薄型和超薄型防火涂料的耐火极限一般与涂层厚度无关，而与膨胀后的发泡层厚度有关。

图3-1简要地图示了防火涂料的分类。各类防火涂料的基本特征如表3-1所示。

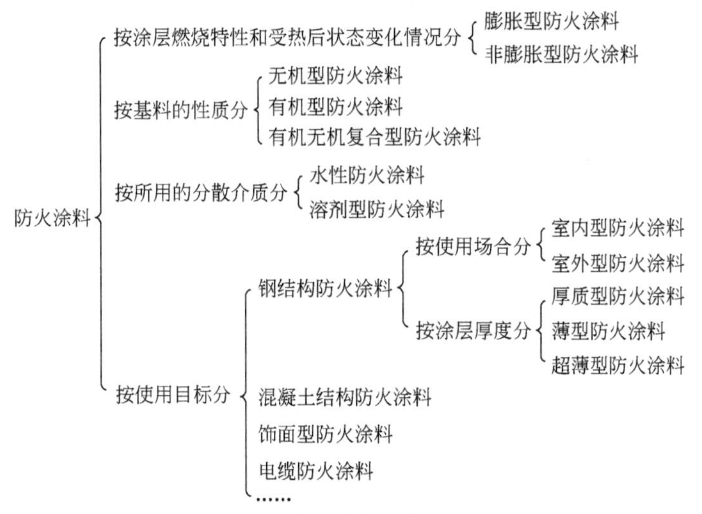

图3-1　防火涂料分类示意图

表 3-1 各类防火涂料的基本特征

分类依据	类型	基本特征
受热后状态	膨胀型	遇火迅速膨胀，防水效果好，并有较好的装饰效果
	非膨胀型	自身有良好的隔热阻燃性能，遇火不膨胀，密度较小
基料	无机型	磷酸盐、硅酸盐为黏结材料，自身不燃，价格便宜
	有机型	合成树脂为黏结材料，易形成膨胀发泡层，防火性能好
分散介质	水性	水为介质，无环境污染，生产、施工、运输安全
	溶剂型	有机溶剂为介质，施工条件受限制较少，涂层性能好，但环境污染严重
使用目标	钢结构	适用于钢结构的防火，装饰性不强
	混凝土结构	适用于混凝土结构的防火，装饰性不强
	木结构(饰面型)	适用于木结构防火，有良好的装饰性
	电缆	适用于电缆的防火，涂层有良好的柔性，装饰性不强
应用场合	室内型(N)	用于建筑物室内或隐蔽工程的钢结构表面，要求良好的装饰性
	室外型(W)	用于建筑物室外或露天工程的钢结构表面，有耐水、耐候、耐腐蚀等要求
涂层厚度	厚质型(H)	涂层厚 5～25mm，耐火极限不低于 2.0h
	薄型(B)	涂层厚 2～5mm，耐火极限不低于 1.0h
	超薄型(CB)	涂层厚≤2mm，耐火极限不低于 1.0h

3.1.3 防火涂料的组成

作为涂料的一个品种，防火涂料与其他类型的涂料一样，也是由基料、颜料、填料和助剂等组成。不同的是在防火涂料中加入了大量具有防火功能的防火助剂，同时在基料和颜料、填料的选择上也有一定的特殊要求。

3.1.3.1 基料

(1) 对防火涂料基料的一般要求　首先，防火涂料作为涂料的一个品种，其基料应满足涂料的基本性能要求，如成膜性。此外，防火涂料作为一种特种涂料，应满足其防火阻燃的特殊要求。一般地说，作为防火涂料的基料应对人体无毒、无刺激性气味、施工方便、干燥速度快、能在稍潮湿的基材上涂装，涂装机具容易清洗。同时还应满足以下要求：

① 来源充足，价格适宜；

② 应具有较强的抗电解质性能，与防火助剂混合后不产生凝胶、增稠现象；

③ 涂料成膜后具有高度的物理、化学稳定性。

④ 具有良好的耐水、耐碱、耐油、附着力、柔韧性及低温与常温稳定性；

⑤ 在受热作用时，其熔点与防火助剂的分解点应在同一条件下产生，以便形成良好的膨胀隔热层。

目前，我国防火涂料的基料有无机型和有机型两大类。无机型防火涂料的基料主要有硅酸盐（如硅酸锂、硅酸钾、硅酸钠等）、硅溶胶、磷酸盐（如磷酸氢铝）等。有机型防火涂料的基料品种较多，分溶剂型和水性两大类。前者目前常用的主要有酚醛树脂、卤化醇酸树脂、不饱和聚酯树脂、氨基树脂（如三聚氰胺甲醛树脂、脲醛树脂等）、卤代烯烃树脂（如高氯化聚乙烯、过氯乙烯树脂、偏氯乙烯树脂、聚氯乙烯树脂等）、呋喃树脂、有机硅树脂和氯化橡胶等。水性基料包括聚丙烯酸酯共聚乳液、硅丙乳液、聚醋酸乙烯酯乳液、氯偏乳液、丁苯乳液等，近年来氟碳树脂乳液用作防火涂料的研究也在进行。

（2）基料选择的基本原则 原则上讲，目前用于涂料制备的大部分基料同样适用于作为防火涂料的基料。但由于防火涂料自身的特殊性，在基料的选用上也有其特点。

从防火效果考虑，如果选用本身具有阻燃性能的树脂作为基料，显然防火效果往往更好。例如在树脂合成时就引入卤族元素（一般为氯和溴）、磷、氮等元素，因而使树脂本身具有阻燃作用。例如卤化的聚丙烯酸酯乳液、氯乙烯-偏二氯乙烯共聚乳液（氯偏乳液）、氯化橡胶等。过氯乙烯、高氯化聚乙烯通过与其他树脂混用后，都可成为防火性能良好的防火涂料基料。一些无机涂料基料，例如硅酸钠、硅溶胶，由于其自身的不燃性，作为防火涂料的基料，尤其是非膨胀型防火涂料的基料具有良好的防火性能。但由于无机防火涂料的涂膜性能差，装饰效果不良。因而如果将无机基料和合成树脂基料配合使用，将会收到事半功倍的效果。

从理化性能考虑，防火涂料由于涂层较厚，附着力问题变得比较突出。防火涂料的品种不同，被保护基材不一样，其附着力要求也各不相同。例如聚乙烯醇缩丁醛的分子链上含有羟基、乙酰基和缩醛基，对钢材、水泥和塑料等基材的附着力都较好，因此适合于用作钢结构、混凝土预制楼板和塑料防火涂料的基料；环氧树脂的分子链上含有羟基，丙烯酸酯树脂的分子链上含有酯基，对钢材的黏结特别有效，因此其作为钢结构防火涂料的基料较理想。氯乙烯-醋酸乙烯酯共聚树脂（氯醋树脂）对钢材表面的粘接力较差，但用2%的顺丁烯二酸酐进行共聚改性，附着力可大大增加，因此也可作为钢结构防火涂料的基料。单纯的过氯乙烯树脂和高氯化聚乙烯树脂的阻燃效果很好，是防火涂料的极好基料，但树脂本身较脆，丰满度、光泽和附着力均不够理想，因此常通过与其他树脂（如醇酸树脂、丙烯酸酯树脂）混用的方法来提高附着力。在制造乳液型防火涂料时，为了提高基料的附着力，在乳液聚合时配方中常添加2%左右的不饱和羧酸（如丙烯酸或甲基丙烯酸）进行共聚合。

从与涂料中其他组分的配合方面来考虑，基料树脂的相对分子质量是必须重视的因素。通常，树脂的相对分子质量越大，理化性能越好。但相对分子质量太大的树脂，其在溶剂中的溶解度，对阻燃剂、颜填料表面的润湿性和与添加剂之间的混溶性往往不好。例如采用过氯乙烯作为防火涂料的基料，树脂必须经过素炼，使大分子链发生一定程度的降解，以增加对颜料的润湿。否则配制好的涂料在贮存过程中会沉降结块。

从涂料的耐候性、耐老化性角度来考虑，对室外型钢结构防火涂料尤为重要。含氯量高的树脂，如聚氯乙烯、过氯乙烯、高氯化聚乙烯等，对光、热都不太稳定。在光和热的作用下容易放出HCl，在主链上形成双键。双键的形成不仅使涂层变色，而且容易被氧化，使分子链进一步断裂或交联，导致高分子材料性能降低。因此，常需加入稳定剂来抑制老化。

用甲苯二异氰酸酯等芳香族异氰酸酯制备的聚氨酯容易泛黄，而用脂肪族二异氰酸酯（如六亚甲基二异氰酸酯，HDI）为原料制备的聚氨酯就不容易变黄。这是由于前者吸收紫外线导致分子内异构所致。用作室外型防火涂料时显然应选择后者。

丁苯乳液的聚合物分子链中也含有双键，室外使用时容易发生氧化而泛黄，因此不适宜作为室外型防火涂料。相比之下，聚丙烯酸酯树脂和聚丙烯酸酯乳液的保色保光性能极好，这是因为它的分子链中不含双键，不吸收紫外线的缘故。聚醋酸乙烯酯乳液、氨基树脂在室外使用时均不会出现泛黄现象。双酚A型环氧树脂的附着力、耐腐蚀性均十分优异，但双酚A型环氧树脂在室外使用时会泛黄，而脂环族环氧树脂却不会泛黄；酚醛树脂在室外使用时泛黄性也很严重。这显然都可归属于它们分子链中的芳香结构。以上事实表明，含有芳环或双键的树脂不适宜用作室外型防火涂料的基料。

有机硅聚合物和含氟聚合物由于他们特殊的分子结构而具有优异的热稳定性和耐候性，因此是室外型防火涂料的优秀基料。但由于价格相对较高，目前使用尚不广泛。

除了上述重点考虑的方面外，从应用的角度出发，防火涂料还应具有良好的耐水性、耐酸性、耐碱性、防霉性和防腐蚀性等。

综上所述，能用于制备防火涂料的树脂有很多，但在实际中单独使用一种树脂往往达不到预期的效果，因此常采用几种树脂混合使用的方法，以达到取长补短的目的。

(3) 防火涂料常用基料

① 溶剂型基料

a. 酚醛树脂　酚醛树脂是指酚与醛在酸性或碱性催化剂存在下缩聚而成的树脂性聚合物的总称。通常指的是从苯酚或其同系物（如甲酚、二甲酚等）与甲醛缩合得到的树脂。按所用原料的种类和配比以及催化剂类型的不同，可分为热塑性和热固性两类树脂。热塑性酚醛树脂，是线型树脂，受热时仅熔化，而不能变为不溶不熔状态，但加入固化剂（如六亚甲基四胺）后则能转变为热固性。它以二官能或三官能酚为原料，在酸性溶液中和酚的物质的量大于醛的物质的量时生成的。热固性酚醛树脂是高度网状聚合物，受热时变为不溶不熔状态。它以三官能的酚为原料，在碱性溶液中和醛过量的情况下生成的。酚醛树脂耐热、耐酸和耐碱。用以制黏合剂、涂料、耐酸胶泥和酚醛塑料等。其结构式：

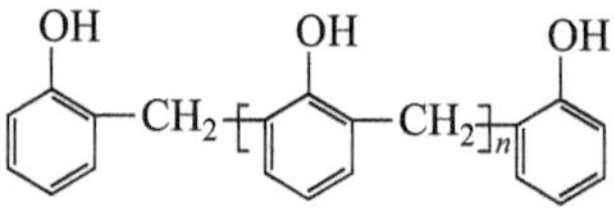

OH　　OH　　OH

$-CH_2-[\quad-CH_2-]_n$

酚醛树脂制备所用的酚有苯酚、甲酚、二甲酚、间苯二酚，常用苯酚；醛类则有甲醛、糠醛等。以苯酚-甲醛树脂最为重要。根据催化剂的酸碱性以及酚与醛的配比不同，所得产物的结构、性能有很大差异，因而使用方法也不同。如采用酸性催化剂，且酚过量，得到的是可溶可熔的线型酚醛树脂，用以制造酚醛模塑粉（俗称电木粉）。配制模塑粉时必须加入适量填充剂、润滑剂、着色剂、固化剂，此为二步法。如用碱性催化剂，且甲醛过量，控制相对分子质量为300～700，可获得溶于有机溶剂的树脂，使用时不必添加固化剂，只要加热即可转变为热固性塑料，所以称为一步法。酚醛层压树脂、黏合树脂、铸型树脂都由一步法制得。

酚醛树脂是热固性树脂的最大品种，与其他热固性树脂相比，酚醛树脂的优点：

ⅰ. 固化时不需要加入催化剂、促进剂，只需加热、加压。

ⅱ. 固化后密度比聚酯树脂小，机械强度、耐化学腐蚀及耐湿性良好。

ⅲ. 热强度高，变形倾向小。

缺点是：脆性大，颜色深，固化速度慢，贮存期短，加工成型压力高。

b. 醇酸树脂　醇酸树脂是由多元醇（如乙二醇、丙三醇、季戊四醇等）和多元酸（邻苯二甲酸酐、顺丁烯二酸酐等）经缩聚反应而成的聚酯类树脂。涂料用的醇酸树脂一般是通过植物油（如桐油、亚麻仁油、豆油、蓖麻油或脂肪酸等）改性的聚酯树脂。根据其干燥特性可分为自干型、烘干型和挥发型醇酸树脂，防火涂料中一般采用自干型和挥发型醇酸树脂。

除了单独使用外，醇酸树脂可以与硝化纤维素、过氯乙烯树脂、聚氨酯树脂、环氧树脂、氯化橡胶、有机硅树脂、氨基树脂、丙烯酸酯树脂等配合使用，以提高和改进各种性能。

用醇酸树脂配制的涂料具有成膜性、光泽、柔韧性、附着力、耐久性、耐热性和耐冲击性等均较优异的特点，加上原料容易获得，工艺成熟，价格便宜，施工方便，因此用途十分广泛，目前是涂料基料中产量最大，用途最广的产品之一。

醇酸树脂的缺点是不耐碱和酯、酮等溶剂，树脂的稳定性较差。

c. 不饱和聚酯树脂　不饱和聚酯树脂一般是由不饱和二元酸二元醇或者饱和二元酸不饱和二元醇缩聚而成的具有酯键和不饱和双键的线型高分子化合物。通常，聚酯化缩聚反应是在190～220℃进行，直至达到预期的酸值（或黏度），在聚酯化缩聚反应结束后，趁热加入一定量的乙烯基单体，配成黏稠的液体，这样的聚合物溶液称之为不饱和聚酯树脂。

工艺性能优良是不饱和聚酯树脂最大的优点。可以在室温下固化，常压下成型，工艺性能灵活，特别适合大型和现场制造玻璃钢制品。固化后树脂综合性能好，力学性能指标略低于环氧树脂，但优于酚醛树脂。耐腐蚀性、电性能和阻燃性可以通过选择适当牌号的树脂来满足要求，树脂颜色浅，可以制成透明制品。品种多，适应广泛，价格较低。缺点是贮存期限短。

d. 氨基树脂　溶剂型涂料用氨基树脂（简称氨基树脂）是指含有氨基的化合物与醛类化合物经缩聚反应，再用醇类化合物改性的一类溶剂型树脂的统称。主要品种有醇类醚化脲醛树脂、醇类醚化三聚氰胺甲醛树脂、醇类醚化苯代三聚氰胺甲醛树脂以及醇类醚化共缩聚氨基树脂等。

氨基树脂是一类多官能度聚合物，加热时本身可以进一步缩聚而交联固化成膜，也可以与其他含羟基树脂交联成膜。加入催化剂也可在室温下固化。单纯的氨基树脂都比较硬脆，附着力也较差，所以一般很少单独使用。通常与其他树脂配合使用，或用作其他树脂的交联剂。

氨基树脂与许多树脂有良好的相溶性，如醇酸树脂、聚酯树脂、聚丙烯酸酯树脂、环氧树脂等。我国多年来主要生产与醇酸树脂相配合的氨基树脂，近年来聚丙烯酸酯型和聚酯型的氨基树脂产量逐年增多，性能和装饰效果均比醇酸树脂型氨基树脂好，在建筑领域主要用作饰面型防火涂料等。

氨基树脂的优点是原料易得、成本低廉，粘接强度高，耐热、耐腐蚀、电绝缘性好，无色透明，对材料表面不产生污染，固化时间短、使用方便等。另外作为膨胀型防火涂料基料时，兼有发泡剂的作用。缺点是耐老化性能差。树脂中一般含有游离的甲醛，污染环境，对人体产生危害。

e. 呋喃树脂　呋喃树脂是指以具有呋喃环的糠醇和糠醛作原料生产的树脂类的总称，其在强酸作用下固化为不溶和不熔的固形物，种类有糠醇树脂、糠醛树脂、糠酮树脂、糠酮-甲醛树脂等。

呋喃树脂自身缩聚固化过程缓慢，因此树脂贮存期稳定性良好。但在酸性条件下室温可发生固化反应，利用其这一特性可制备室温固化型涂料。

呋喃树脂的耐热、耐有机溶剂等性能较好。能耐一般的酸碱，但不耐强氧化性酸如硝酸、铬酸等。缺点是韧性差，冲击强度不高。且颜色深黑，装饰性不好。目前较多地用于化工防腐涂料，近年来也有用于钢结构防火涂料的研究。

f. 有机硅树脂　有机硅树脂是高度交联的网状结构的聚有机硅氧烷，通常是用甲基三氯硅烷、二甲基二氯硅烷、苯基三氯硅烷、二苯基二氯硅烷或甲基苯基二氯硅烷的各种混合物，在有机溶剂如甲苯存在下，在较低温度下加水分解，得到酸性水解物。水解的初始产物是环状的、线型的和交联聚合物的混合物，通常还含有相当多的羟基。水解物经水洗除去酸，中性的初缩聚体于空气中热氧化或在催化剂存在下进一步缩聚，最后形成高度交联的立体网络结构。

有机硅树脂集有机硅氧烷和有机高分子两者的优点于一身。具备优异的介电性能，且能在较大的温度、湿度、频率范围内保持其介电性能的稳定；耐氧化性、耐化学药品性、耐辐射性、耐候性优良；此外，有机硅树脂还具有憎水、阻燃、耐盐雾、防霉菌的特点。因此，虽然与硅油、硅橡胶等有机硅化合物相比，有机硅树脂的市场份额较小，但它在许多领域占据着不可替代的地位；有机硅树脂可用于制造电绝缘漆、涂料、模塑料、层压材料、脱模剂、防潮放水剂等，广泛应用于航天、电子电气、建筑、机械等领域。

g. 氯化橡胶　氯化橡胶是由天然橡胶或合成橡胶经氯化改性后得到的氯化高聚物之一。由于它具有优良的成膜性、黏附性、抗腐蚀性、阻燃性和绝缘性，可广泛用于制造胶黏剂、船舶漆、集装箱漆、化工防腐漆、马路划线漆、防火漆、建筑涂料及印刷油墨等，是很有发展前途的氯系精细化工产品之一。

② 乳液型基料

a. 聚丙烯酸酯共聚乳液　聚丙烯酸酯乳液是目前应用量最大，应用面最广的乳液型基料之一。聚丙烯酸酯乳液是由多种丙烯酸酯单体或甲基丙烯酸酯单体和其他不饱和单体通过乳液共聚合而成。根据共聚单体的不同有多种品种，如由各种（甲基）丙烯酸酯共聚而成的纯丙烯酸酯乳液（简称纯丙乳液）、由（甲基）丙烯酸酯和苯乙烯共聚而成的丙烯酸酯-苯乙烯共聚乳液（简称苯丙乳液）、由（甲基）丙烯酸酯与醋酸乙烯酯共聚而成的丙烯酸酯-醋酸乙烯酯共聚乳液（简称乙丙乳液）、由有机硅单体改性的聚丙烯酸酯共聚乳液（简称硅丙乳液）等。各种聚丙烯酸酯乳液的性能差别很大，可供生产不同防火涂料的需要选择。聚丙烯酸酯的结构式：

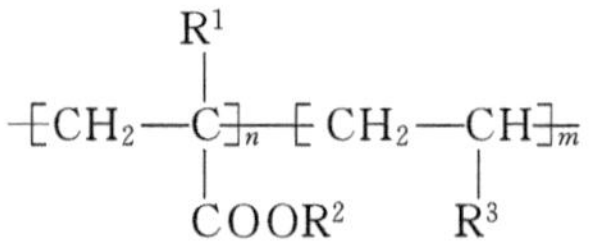

$$\left[\mathrm{CH_2}-\underset{\mathrm{COOR^2}}{\overset{\mathrm{R^1}}{\mathrm{C}}}\right]_n\left[\mathrm{CH_2}-\underset{\mathrm{R^3}}{\mathrm{CH}}\right]_m$$

式中，R^1为甲基或氢原子；R^2为各种烷基、羟烷基或氢原子等；R^3为苯环、乙酰氧基或烷氧基等。

聚丙烯酸酯乳液的性能优良，涂膜的光泽、硬度、柔韧性、附着力和耐水性等均可与溶剂型聚丙烯酸酯涂膜媲美，缺点是耐碱性略差。由于聚丙烯酸酯乳液优良的综合性能，因此近年来在涂料制备中已越来越多地取代溶剂性聚丙烯酸酯树脂而成为水性涂料的最重要基料之一。

b. 氯偏乳液　氯偏乳液又称聚偏二氯乙烯乳液，是用偏二氯乙烯（VCD）与氯乙烯（VC）通过乳液聚合制得的。氯偏乳液中共聚物的相对分子质量为20000～1000000，其结构式：

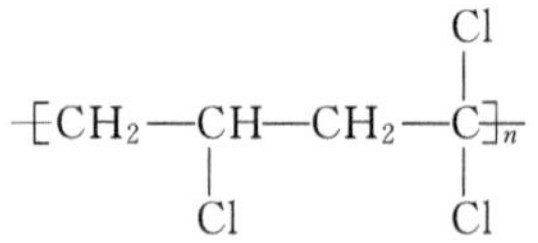

$$\left[\mathrm{CH_2}-\underset{\mathrm{Cl}}{\mathrm{CH}}-\mathrm{CH_2}-\underset{\mathrm{Cl}}{\overset{\mathrm{Cl}}{\mathrm{C}}}\right]_n$$

氯偏乳液成膜后无色透明，具有透水、透气率低，保色、保光，耐酸、耐碱、耐油、耐水等特点。常温即可固化成膜，涂层韧性好。乳液稳定性好，贮存期限可长达一年以上。此外，聚偏二氯乙烯分子中由于含有卤素元素，难燃烧，并有自熄性。乳液的分散介质为水，使用安全、无毒，无火灾爆炸危险，清洗方便，因此十分适合作为防火涂料的基料。

氯偏乳液成膜后能溶于多种有机溶剂，因此耐溶剂性差。软化温度较低（50～90℃），作为膨胀型防火涂料基料时炭层容易烧蚀，从而使发泡层疏松，影响防火效果。乳液在0℃以下贮存易冻结，使乳液受到破坏。

③ 水溶性基料

a. 聚乙烯醇缩甲醛树脂　聚乙烯醇缩甲醛树脂是聚乙烯醇的水溶液与甲醛在酸性催化

剂作用下经高温缩合脱水反应而成，其结构式：

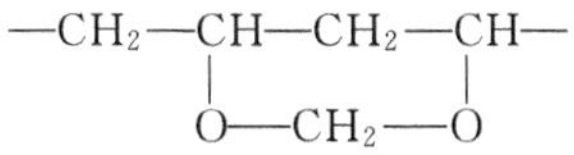

$$
\begin{array}{c}
-CH_2-CH-CH_2-CH- \\
\quad\quad | \quad\quad\quad\quad | \\
\quad\quad O-CH_2-O
\end{array}
$$

聚乙烯醇缩甲醛的分子结构中残存的羟基数远远少于聚乙烯醇，因此耐水性比聚乙烯醇好得多。聚乙烯醇缩甲醛对玻璃、水泥、金属及某些塑料都有极好的黏结力。此外其涂膜坚韧牢固，弹性、耐磨性及对热、光的稳定性都很好。缺点是耐候性、耐酸碱性较差。因此适合于制备室内型防火涂料。

b. 水溶性聚丙烯酸酯树脂　大部分丙烯酸酯单体不溶于水，因此在制备水溶性聚丙烯酸酯树脂时，必须在分子结构中引入亲水性较强的丙烯酸、甲基丙烯酸及其盐和丙烯酰胺等单体。其结构式：

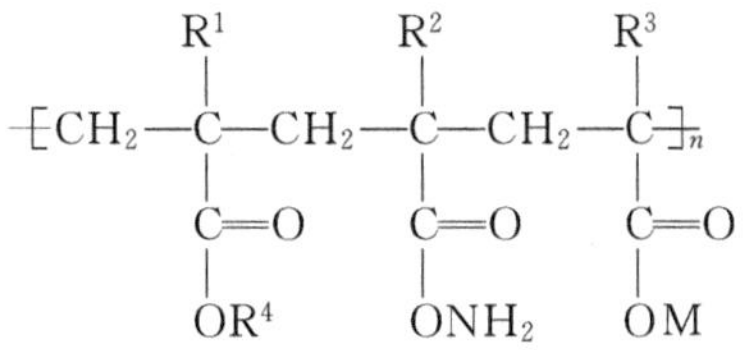

$$
\left[CH_2-\underset{\substack{| \\ C=O \\ | \\ OR^4}}{\overset{\substack{R^1 \\ |}}{C}}-CH_2-\underset{\substack{| \\ C=O \\ | \\ ONH_2}}{\overset{\substack{R^2 \\ |}}{C}}-CH_2-\underset{\substack{| \\ C=O \\ | \\ OM}}{\overset{\substack{R^3 \\ |}}{C}} \right]_n
$$

式中，R^1、R^2和R^3为甲基或氢原子；R^4为烷基、羟烷基或氢原子；M为K或Na等金属离子。

水溶性聚丙烯酸酯树脂由于采用水作为溶剂，安全无毒。污染性小。可常温成膜，涂膜的光泽、硬度等均可与溶剂型聚丙烯酸酯树脂涂膜媲美，适合于制备颜色较浅的饰面型防火涂料。但所制成的水溶性涂料的贮存稳定性不够理想。由于水的缔合能力较强，涂层的表面张力较溶剂性的大，因此施工时涂层容易起泡，施工要求较高。

3.1.3.2　防火助剂

由于防火涂料分为非膨胀型与膨胀型防火涂料两大类，它们所用的防火助剂有较大的差别。

(1) 非膨胀型防火涂料用防火助剂　在非膨胀型防火涂料中，防火助剂主要是阻燃剂。常用的有含磷、卤素的有机化合物（如氯化石蜡、十溴联苯醚、磷酸三甲苯酯和β-三氯乙烯磷酸酯等）以及锑系（三氧化二锑）、硼系（硼酸锌）、铝系（氢氧化铝）和镁系（氢氧化镁）等无机类阻燃剂。

① 氯化石蜡　氯化石蜡又名氯烃，是石蜡经氯化后所得产品，是石蜡烃的氯化衍生物。按其含氯量不同主要有氯化石蜡-42，氯化石蜡-52，氯化石蜡-70三种，由于其具有良好的电绝缘性、耐火及阻燃等特性以及价格便宜等特点，故其广泛应用于生产电缆料、地板料、软管、人造革、橡胶等制品以及应用于涂料、润滑油等的添加剂。在我国增塑剂系列中，氯化石蜡是仅次于DOP、DBP产量占第三位的品种。

a. 氯化石蜡-42　又名氯烃-42，分子式是$C_{25}H_{45}Cl_7$，相对分子质量594（平均值），含氯量为40%～44%。氯化石蜡-42是浅黄色清澈黏稠液体，无味、无毒、不燃不爆，挥发性极微，无毒。不溶于水和乙醇。但与水混合形成稳定的乳液。能溶于大多数有机溶剂。凝固点-30℃以下，热分解温度120℃，分解生成氯化氢气体。遇锌、铁等金属氧化物会促进其分解。

氯化石蜡-42可作为润滑油的抗凝剂及抗极压添加剂，可用作PVC制品的助增塑剂，用于PVC电缆料、地板、薄膜、塑料鞋、人造革以及橡胶制品，还可用作润滑油冷却液抗凝剂、抗挤压添加剂及油漆添加剂。

b. 氯化石蜡-52　又名氯烃-52，分子式是 $C_{15}H_{26}Cl_6$，相对分子质量 420（平均值），含氯量为 48%～52%。氯化石蜡-52 是浅黄色清澈黏稠液体，无味、无毒、不燃烧。不溶于水，微溶于醇，能溶于苯、醚。相对密度 1.235～1.255，凝固点－30℃以下，热分解温度 140℃，折射率 1.505～1.515。

氯化石蜡-52 主要用于 PVC 制品，作增塑剂或助增塑剂，其相容性和耐热性比氯化石蜡-42 好。此外还可在橡胶、油漆、切削油中作添加剂，以起到防火、耐燃及提高切削精度等作用，亦可作为润滑油的抗凝剂及抗挤压剂。

c. 氯化石蜡-70　又名氯烃-70，分子式是 $C_{25}H_{30}Cl_{22}$，相对分子质量 401.42（平均值），含氯量为 68%～72%。氯化石蜡-70 为白色或淡黄色粉末状树脂，相对密度 1.65～1.70，软化点≥95℃（95～120℃）不溶于水和低级醇，可溶于矿物油、苯、二甲苯等芳烃溶剂，不易燃烧。

氯化石蜡-70 有较高的阻燃性，主要用作橡胶制品、钙塑发泡装饰板及聚烯烃等阻燃剂，PVC 制品、织物和包装材料的表面处理剂以及黏结剂的改良剂，防火涂料的填料，高分子载体。也用作船舶、车辆、建筑物塑料的阻燃剂等。

② 十溴联苯醚　十溴联苯醚的化学结构式为：

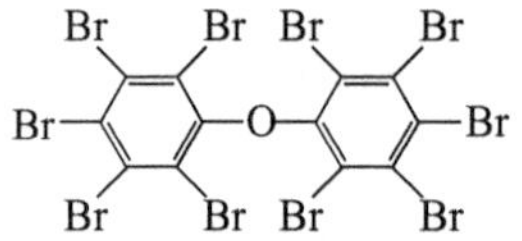

其外观为白色粉末，相对分子质量 960。熔点≥300℃，不溶于水。工业品要求满足以下指标：溴含量≥83%，游离溴含量≤20mg/kg，铁含量≤10mg/kg，挥发率≤0.05%，颗粒平均直径≤3μm。

③ 水合硼酸锌　水合硼酸锌又称 FB 阻燃剂，分子式为 $2ZnO \cdot 3B_2O_3 \cdot 3.5H_2O$，相对分子质量为 434.5。白色结晶形粉末，熔点为 980℃，相对密度为 2.8，折射率为 1.58。不溶于水和一般有机溶剂，但可溶于氨水生成络盐。热稳定性好，在 300℃以上开始失去结晶水，起到吸热、降温和消烟的作用，为无毒、无污染的无机阻燃剂。

硼酸锌与卤素化合物 RX 混合使用时，受热可生成气态卤化锌和卤化硼，并释放出结晶水。其反应式如下：

$$2ZnO \cdot 3B_2O_3 \cdot 3.5H_2O + 22RX \xrightarrow{\triangle} 2ZnX_2 + 6BX_3 + 11R_2O + 3.5H_2O$$

燃烧过程中卤素化合物分解产生的 HX 也能与硼酸锌反应生成卤化锌和卤化硼。

$$2ZnO \cdot 3B_2O_3 \cdot 3.5H_2O + 22HX \xrightarrow{\triangle} 2ZnX_2 + 6BX_3 + 14.5H_2O$$

卤化锌和卤化硼可以捕捉气相中反应活性自由基。HO·和 H·，干扰中断燃烧的链反应。同时卤化锌和卤化硼留在固相中可促进生成致密而又坚固的炭化层。此外，卤化硼在高温下在可燃物表面形成玻璃状固熔物包覆于材料表面，既可隔热，又可隔绝空气。

硼酸锌通常与三氧化二锑复配用于氯丁橡胶、氯化树脂、高氯化聚乙烯等含卤素树脂配制的防火涂料中，或与含卤素的其他阻燃剂如氯化石蜡、十溴联苯醚、四溴双酚 A 等一起用于防火涂料中。当三氧化二锑和硼酸锌的质量比为 1∶(1～2) 时，其阻燃和抑烟的综合性能最好。

(2) 膨胀型防火涂料用防火助剂　膨胀型防火涂料用的防火助剂通常不是单独的一种物质，而是一种组合体系，包括脱水成炭催化剂（酸源）、成炭剂（碳源）和发泡剂三部分。其中发泡剂是在涂层受热时能分解出不燃性气体（水蒸气、氨气、CO_2等）使涂层膨胀发泡的物质。成炭剂是在发泡剂使涂层发泡后，在脱水成炭催化剂作用下使涂层形成炭化层的物

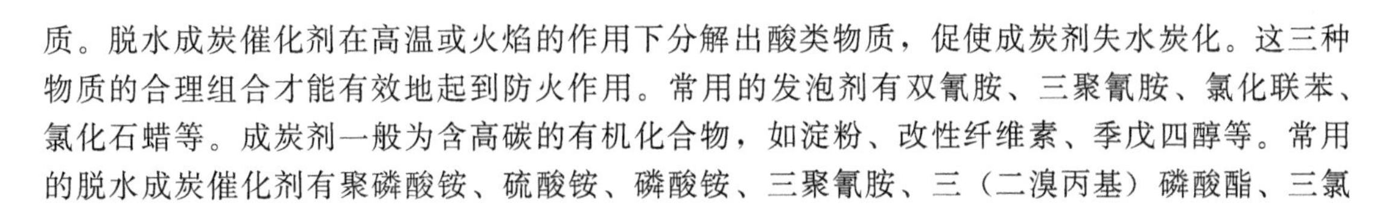

质。脱水成炭催化剂在高温或火焰的作用下分解出酸类物质，促使成炭剂失水炭化。这三种物质的合理组合才能有效地起到防火作用。常用的发泡剂有双氰胺、三聚氰胺、氯化联苯、氯化石蜡等。成炭剂一般为含高碳的有机化合物，如淀粉、改性纤维素、季戊四醇等。常用的脱水成炭催化剂有聚磷酸铵、硫酸铵、磷酸铵、三聚氰胺、三（二溴丙基）磷酸酯、三氯乙基磷酸酯、磷酸二氢铵、磷酸氢二铵等。

① 脱水成炭催化剂

a. 聚磷酸铵　聚磷酸铵又称多聚磷酸铵或缩聚磷酸铵（简称 APP），是一种含 N 和 P 的聚磷酸盐，按其聚合度可分为低聚、中聚以及高聚 3 种，其聚合度越高水溶性越小，反之则水溶性越大。按其结构可以分为结晶形和无定形，结晶态聚磷酸铵为长链状水不溶性盐。聚磷酸铵的分子通式为$(NH_4)_{n+2}P_nO_{3n+1}$，当 n 为 10 ～20 时，为水溶性；当 n 大于 20 时，为难溶性。聚磷酸铵无毒无味，不产生腐蚀气体，吸湿性小，热稳定性高，是一种性能优良的非卤阻燃剂。但是也存在相应缺点，由于目前工艺聚合度较小，所以具有较大的吸湿性，并且对工程塑料的力学性能影响很大。

b. 磷酸铵　磷酸铵又称磷酸三铵，分子式为$(NH_4)_3PO_4 \cdot 3H_2O$，相对分子质量为 203.13。无色结晶薄片或菱形晶体。易溶于水，微溶于稀氨水，不溶于乙醇、乙醚和丙酮等有机溶剂。性质很不稳定，在空气中失去部分氨而形成磷酸一铵或磷酸二铵。磷酸一铵的含磷量大，分解温度高（190℃），在水中溶解度小，酸性较大（pH 值＝4～5）。磷酸二铵的分解温度较低（155℃），在水中溶解度较大，酸性较小（pH 值＝6～7）。由 20％磷酸一铵和 80％磷酸二铵形成的混合物有较好的防火性能。低温时易析出结晶，影响防火涂料的理化和防火性能。

c. 三氯乙基磷酸酯　浅黄色油状液体，具有淡奶油味。相对密度 1.39，凝固点－51℃，沸点 330℃，闪点 265.6℃，折射率 1.4731，黏度（20℃）38～47mPa · s，热分解温度 240～280℃。溶于乙醇、丙酮、醋酸乙酯、甲苯、氯仿、四氯化碳，不溶于脂肪烃，水中溶解度（20℃）4.64％。低毒。

在防火涂料中不仅可提高防火性能，对涂膜还有增塑作用。同时对涂层的耐水性、耐酸性、耐寒性和抗静电性有显著的改善作用。用于透明防火涂料中不影响装饰效果。

② 成炭剂

a. 淀粉　淀粉的分子式为（$C_6H_{12}O_5$）$_n$，是由许多葡萄糖分子缩合而成的多糖。相对密度为 1.499～1.513。在自然界是以一薄层蛋白包着的颗粒状存在于植物中。颗粒内除含有 80％～90％的支链淀粉外，还含有 10％～20％的直链淀粉。支链淀粉不溶于水，直链淀粉在热水中部分可溶（10％～20％），在冷水中不溶。也不溶于乙醇和乙醚。吸湿性很大。

淀粉的含碳量为 44％，羟基含量 52.4％，与季戊四醇基本相同。但淀粉的分解温度较低，为 150℃。由于分解温度较低，与聚磷酸铵配合时的脱水成炭效果不如季戊四醇。目前主要用于膨胀型透明防火涂料中。

b. 丙三醇　丙三醇的分子式为 $C_3H_8O_3$，结构式为：

$$HOCH_2—\underset{\displaystyle OH}{\underset{|}{C}H}—CH_2OH$$

丙三醇是无色味甜澄明黏稠液体，无臭，有暖甜味，俗称甘油，能从空气中吸收潮气，也能吸收硫化氢、氰化氢和二氧化硫。难溶于苯、氯仿、四氯化碳、二硫化碳、石油醚和油类。相对密度 1.26362，熔点 17.8℃，沸点 290.0℃（分解），折射率 1.4746，闪点（开杯）176℃。丙三醇是甘油三酯分子的骨架成分。当人体摄入食用脂肪时，其中的甘油三酯经过体内代谢分解，形成甘油并储存在脂肪细胞中。因此，甘油三酯代谢的最终产物便是甘油和脂肪酸。可用作溶剂、润滑剂、药剂和甜味剂。

丙三醇用于防火涂料中主要起炭化剂、阻燃剂的作用，同时也具有分散剂、渗透剂、流平剂及消泡剂的作用。常用于膨胀型透明防火涂料中。

c. 三乙醇胺　三乙醇胺的分子式为$(CH_2CH_2OH)_3N$，结构式可表示为：

$$\begin{array}{l} HOCH_2CH_2 \diagdown \\ HOCH_2CH_2—N \\ HOCH_2CH_2 \diagup \end{array}$$

三乙醇胺是无色至淡黄色透明黏稠液体，微有氨味，低温时成为无色至淡黄色立方晶系晶体。露置于空气中时颜色渐渐变深。易溶于水、乙醇、丙酮、甘油及乙二醇等，微溶于苯、乙醚及四氯化碳等，在非极性溶剂中几乎不溶解。5℃时的溶解度：苯 4.2%、乙醚 1.6%、四氯化碳 0.4%、正庚烷小于 0.1%。呈强碱性，0.1mol/L 的水溶液 pH 为 10.5。有刺激性，具吸湿性，能吸收二氧化碳及硫化氢等酸性气体。纯三乙醇胺对钢、铁、镍等材料不起作用，而对铜、铝及其合金有较大腐蚀性。与一乙醇胺及二乙醇胺的不同之处是，三乙醇胺与碘氢酸（HI）能生成碘氢酸盐沉淀。可燃，低毒，避免与氧化剂、酸类接触。

三乙醇胺用于防火涂料中主要起炭化剂、发泡剂的作用，同时也兼具表面活性剂、稳定剂、乳化剂、润滑剂等的作用。

③ 发泡剂

a. 双氰胺　双聚氰胺又称二氰二氨，缩写 DICY 或 DCD，是氰胺的二聚体，也是胍的氰基衍生物，化学式 $C_2H_4N_4$。白色结晶性粉末，水中溶解度在 13℃时为 2.26%，在热水中溶解度较大。当水溶液在 80℃时逐渐分解产生氨气。无水乙醇（C_2H_5OH）、乙醚中溶解度在 13℃时，分别为 1.26%和 0.01%。溶于液氨、热水、乙醇、丙酮水合物、二甲基甲酰胺，难溶于乙醚，不溶于苯和氯仿。相对密度 1.40。熔点 209.5℃。干燥时性质稳定，不燃烧，低毒。

双氰胺的含氮量较高，达 66.7%。受热至 210℃分解放出氨气、水和 CO_2，因此是膨胀型防火涂料的优良发泡剂。

b. 三聚氰胺　三聚氰胺俗称蜜胺、蛋白精，化学式为 $C_3N_3(NH_2)_3$，它是白色单斜晶体，几乎无味，微溶于水（3.1g/L，常温），可溶于甲醇、甲醛、乙酸、热乙二醇、甘油、吡啶等，不溶于丙酮、醚类、对身体有害，不可用于食品加工或食品添加物。

三聚氰胺的含氮量为 66.7%。250℃时升华并剧烈分解，最终分解产物为氨气、水和 CO_2，目前是膨胀型防火涂料的最常用的优良发泡剂。

3.1.3.3　颜料与填料

（1）颜料与填料在防火涂料中的作用　在涂料工业中，填料又称体质颜料。除了防火助剂以外，合理地选用填料，能够有效提高防火涂料的防火性能。常用的填料有硅藻土、粉状硅酸盐纤维、云母粉、高岭土、海泡石粉、滑石粉等。

膨胀型防火涂料中颜、填料的用量比一般饰面型涂料低得多。这是因为颜料的比例增加，影响涂膜的发泡效果，降低防火性能。由于防火涂料的涂膜比一般涂膜厚，较低的颜料组分也能够满足遮盖力的要求。

在非膨胀型防火涂料中无机填料的比例很大，对防火性能的贡献也大。因为大量的无机填料降低了涂层中聚合物的比例，在燃烧时能够分解的可燃成分减少，因此提高了涂层的耐热性。

有些填料在高温下可发生脱水、分解等吸热反应或熔融、蒸发等物理吸热过程，抑制了热分解和燃烧的进程。同时填料所分解出的气体能稀释可燃性气体和氧的浓度，抑制有焰燃烧的进行。同时，填料熔融体形成厚膜覆盖层，与空气隔绝，从而阻止了无焰燃烧的发生。无机填料的这些作用与防火助剂及难燃性树脂的作用互相配合，实现了涂层良好的阻燃效果。

为了提高涂层和炭化层的强度，防止涂层在燃烧过程中开裂，常采用一些纤维状填料对涂层进行改性。如加入少量玻璃纤维、石棉纤维、硅酸铝纤维、镁盐晶须等，不但可提高涂层和炭化层的耐开裂性，而且施工厚度和防流挂性也有改善。

颜料在防火涂料中不仅起到着色的作用，对改善防火涂料的理化和力学性能也有重要作用。合理选择和使用颜料，往往能起到事半功倍的效果。例如金红石型钛白粉是涂料中最广泛使用的白色颜料。而对基料或防火助剂中含有卤素原子的防火涂料，选用三氧化二锑（锑白粉）部分替代钛白粉，可提高涂料的阻燃性能有协同效应，因此既起到了颜料的着色作用，又提高了防火性能。

颜料还对涂料的流平性、耐候性、耐化学品性等有很大影响。

防火涂料中一般不提倡使用对涂层的发泡有抑制作用的氧化铁颜料，主要采用有机颜料。

（2）防火涂料中常用的颜料

① 钛白粉　钛白粉，主要成分为二氧化钛（TiO_2）的白色颜料。学名为二氧化钛，分子式为 TiO_2，是一种多晶化合物，其质点呈规则排列，具有格子构造。

钛白粉具有很强的白度、遮盖力和着色力，而且有很高的化学稳定性、耐热性和耐候性。用钛白粉制备的涂料，色彩鲜艳、用量省、涂膜寿命长。钛白粉的着色能力比立德粉和氧化锌高 5 倍以上，相对遮盖力大 3 倍以上。因此在涂料工业中基本上取代了立德粉和氧化锌。

钛白粉常温下几乎不与其他任何元素或化合物作用，对氧、硫化氢、二氧化硫、二氧化碳和氨都极为稳定。不溶于水、脂肪、有机酸、盐酸和硝酸，也不溶于碱，只溶于氢氟酸。

钛白粉有两种结晶形态，一种是锐钛型（A 型），另一种为金红石型（R 型）。两者的晶型均属正方晶系，但晶格不同。金红石型钛白粉的相对密度为 4.26，折射率为 2.27，晶格致密、稳定，耐光性和耐候性非常好，不易粉化，适用于制备外用涂料和高档涂料。锐钛型钛白粉的晶格空间大、不稳定，耐光性和耐候性较差，相对密度为 3.84，折射率为 2.55，适用于制备内用涂料和较低档涂料。近年来，随着人们对涂料质量要求的提高，无论内用涂料还是外用涂料都倾向于采用金红石型钛白粉。

② 氧化铁红　氧化铁红的化学成分为三氧化二铁，简称铁红，分子式 Fe_2O_3。相对密度 5～5.5，遮盖力约 $10g/m^2$。耐光性、耐候性和化学稳定性都十分优良。遮盖力和着色力均是红色颜料中最好的，但耐酸性较差。色调为红中带黑，不够鲜艳。

氧化铁红有天然和人造两种。天然铁红色质不纯，涂料工业中已较少使用。人造铁红分为干法和湿法两种。后者又分为硝酸法和硫酸法两种。湿法铁红质地疏松易分散，适合涂料使用。其中硝酸法氧化铁红的吸油量低，色泽较鲜艳，悬浮性好，在水性涂料制备中较多使用。硫酸法氧化铁红的密度较大，悬浮性差。经表面处理后可改善其悬浮性。人造铁红的色光随制造条件的不同而变动于橙红和紫红之间，主要由晶形及颗粒大小所决定。

铁红是否具有鲜艳纯正的色调，在涂料中是否容易分散等问题是涂料生产中最关心的指标。

氧化铁红不溶于水和有机溶剂中，仅在加热条件下溶解于浓酸。耐热性极好，1200℃以下极为稳定。耐光性、耐候性均十分优异。

在防火涂料中主要用作着色颜料，但对膨胀型防火涂料的发泡有一定的抑制作用，因此用量必须严格控制。

③ 氧化铁黄　氧化铁黄简称铁黄，化学成分为水合三氧化二铁，分子式 $Fe_2O_3 \cdot H_2O$。土黄色，色光变化于浅黄与棕黄色之间。加热至150～200℃时脱水，逐步转变为氧化铁红。相对密度3.9～4.3。遮盖力是黄色颜料中最好的一种，为15g/m²。耐光性、耐候性、耐碱性均十分优良，但不耐酸。

氧化铁黄在防火涂料中主要用作着色颜料，但对膨胀型防火涂料的发泡有一定的抑制作用，因此用量必须严格控制。

④ 铅铬绿　铅铬绿俗称美术绿，也称翠铬绿，以铁蓝颜料浆中沉淀铬黄而制得，也可用铬黄和铁蓝湿拼或干拼而得。以铬黄和酞菁蓝拼成的铅铬绿色泽鲜艳，性能更优良。

铅铬绿的耐久性、耐热性均不及氧化铬绿，但色泽鲜艳，分散性好，易于加工，因含有毒的重金属，自从酞菁绿等有机颜料问世以后，用量已渐减少。油漆级中铬绿，有卓越的分散性、抗絮凝性、抗浮色性，并且有非常好的耐久性，耐热150℃，耐光性8级，耐候性6级，耐化学性3级，耐迁移性5级。主要用于生产油漆、涂料、油墨及塑料等工业产品，它是一种工业颜料。

铅铬绿在防火涂料中主要用于着色。

⑤ 铁蓝　铁蓝由铁盐与亚铁氰化物或铁氰化物制成的蓝色无机颜料，又称华蓝、普鲁士蓝、米洛丽蓝、颜料蓝。其主要成分为亚铁氰化铁与亚铁氰化钾或亚铁氰化铵的复盐。外观为暗蓝色粉末，其色调随组成和粒度的不同，在暗蓝色至亮蓝色之间变动。粒度为0.05～0.02μm，比表面积为30～60m²/g，密度为1.70～1.85g/mL，吸油量为32～72g/100g。铁蓝的着色力高，耐光性好，耐碱性差，在空气中140℃以上可燃烧，因此防火涂料中较少使用。

⑥ 铁黑　铁黑化学名称磁铁矿，化学成分为 Fe_3O_4，磁铁矿是炼铁的主要矿物原料，也是传统的中药材。因为它具有磁性，中国古代又称为磁石、玄石。完好单晶形呈八面体或菱形十二面体，呈菱形十二面体时，菱形面上常有平行该晶面长对角线方向的条纹。集合体为致密块状或粒状。颜色为铁黑色，条痕呈黑色，半金属光泽，不透明，无解理，摩氏硬度5.5～6，相对密度4.8～5.3。具强磁性，是矿物中磁性最强的，能被永久磁铁吸引。具有饱和的蓝墨光黑色，以很高的遮盖力、着色力强、耐光性能好等特点而应用于涂料行业制漆，还因其耐碱性能和水泥混合而得以广泛应用于建筑行业水泥着色。

(3) 防火涂料中常用的填料

① 硅藻土　硅藻土是一种硅质岩石，是一种生物成因的硅质沉积岩，它主要由古代硅藻的遗骸所组成。其化学成分以 SiO_2 为主，可用 $SiO_2 \cdot nH_2O$ 表示，含有少量的 Al_2O_3、Fe_2O_3、CaO、MgO、K_2O、Na_2O、P_2O_5 和有机质。SiO_2 通常占80%以上，最高可达94%。优质硅藻土的氧化铁含量一般为1%～1.5%，氧化铝含量为3%～6%。硅藻土的矿物成分主要是蛋白石及其变种，其次是黏土矿物——水云母、高岭石和矿物碎屑。矿物碎屑有石英、长石、黑云母及有机质等。有机物含量从微量到30%以上。硅藻土的颜色为白色、灰白色、灰色和浅灰褐色等，有细腻、松散、质轻、多孔、吸水性和渗透性强的物性。硅藻土中的硅藻有许多不同的形状，如圆盘状、针状、筒状、羽状等。松散密度为0.3～0.5g/cm³，莫氏硬度为1～1.5（硅藻骨骼微粒为4.5～5mm），孔隙率达80%～90%，能吸收其本身质量1.5～4倍的水，是热、电、声的不良导体，熔点1650～1750℃，化学稳定性高，除溶于氢氟酸以外，不溶于任何强酸，但能溶于强碱溶液中。硅藻土的氧化硅多数是非晶

体，碱中可溶性硅酸含量为50％～80％。非晶型 SiO_2 加热到800～1000℃时变为晶型，碱中可溶性硅酸可减少到20％～30％。

用在防火涂料中时，除了可以提高涂层的耐磨性和抗冲击强度，增加涂料的遮盖力外，还有一定的阻燃和消烟作用，对炭层骨架有良好的增强作用，并有消光增稠作用。

② 云母粉　云母粉是一种非金属矿物，含有多种成分，其中主要有 SiO_2，含量一般在49％左右，Al_2O_3 含量在30％左右。云母粉具有良好的弹性、韧性。绝缘性、耐高温、耐酸碱、耐腐蚀、附着力强等特性，是一种优良的添加剂。它广泛地应用于电器、电焊条、橡胶、塑料、造纸、油漆、涂料、颜料、陶瓷、化妆品、新型建材等行业，用途极其广泛。

云母粉属于单斜晶体，晶体为鳞片状，具丝绢光泽（白云母呈玻璃光泽），纯块呈灰色、紫玫瑰色、白色等，径厚比＞80，相对密度2.6～2.7，硬度2～3，富弹性，可弯曲，抗磨性和耐磨性好；耐热绝缘，难溶于酸碱溶液，化学性质稳定。测试数据：弹性模量1505～2134MPa，耐热度500～600℃，热导率0.419～0.670W/(m·K)，电绝缘性200kV/mm。

另外云母粉的化学组成、结构、构造与高岭土相近，又具有黏土矿物的某些特性，即在水介质及有机溶剂中分散悬浮性好，色白粒细，有黏性等。因此，云母粉兼具云母类矿物和黏土类矿物的多种特点。

云母粉在防火涂料的配方中一般用量较小(≤5％)，但对防火涂料的性能影响很大。如能反射光和热以减少紫外线和热对涂膜的破坏作用，能增加涂层的耐酸碱和电绝缘性，提高涂层的抗冻性、坚韧性和密实性，降低涂层的透气性，防止涂层龟裂，提高涂层的防火隔热性等。

③ 高岭土　高岭土是一种非金属矿产，是一种以高岭石族黏土矿物为主的黏土和黏土岩。因江西省景德镇高岭村而得名。其矿物成分主要由高岭石、埃洛石、水云母、伊利石、蒙脱石以及石英、长石等矿物组成。高岭石的晶体化学式为 $2SiO_2 \cdot Al_2O_3 \cdot 2H_2O$。质纯的高岭土呈洁白细腻、松软土状，具有良好的可塑性和耐火性等理化性质。在防火涂料中不仅作为填料，还有一定的阻燃和消烟作用，对炭层骨架有良好的增强作用等。但用量较多时对发泡有抑制，因此在膨胀型防火涂料中用量应控制。

④ 滑石粉　白色或类白色、微细、无砂性的粉末，手摸有油腻感。无臭，无味。滑石粉的主要成分为滑石，经粉碎后，用盐酸处理，水洗，干燥而成。其在水、稀矿酸或稀氢氧化碱溶液中均不溶解，可作药用。

滑石粉分子式为 $3MgO \cdot 4SiO_2 \cdot H_2O$。滑石属单斜晶系，晶体呈假六方或菱形的片状，偶见。通常成致密的块状、叶片状、放射状、纤维状集合体。无色透明或白色，但因含少量的杂质而呈现浅绿、浅黄、浅棕甚至浅红色。硬度1，相对密度2.7～2.8。

滑石具有润滑性、抗黏、助流、耐火性、抗酸性、绝缘性、熔点高、化学性不活泼、遮盖力良好、柔软、光泽好、吸附力强等优良的物理、化学特性，由于滑石的结晶构造是呈层状的，所以具有易分裂成鳞片的趋向和特殊的润滑性，如果 Fe_2O_3 的含量很高则会降低它的绝缘性。

滑石质软，其莫氏硬度系数为1～1.5，有滑感，极易裂开成薄片，自然安息角小(35°～40°)，极不稳固，围岩为硅化和滑石化的菱镁矿、菱镁岩、贫矿或白云质大理岩，除少数中等稳固，一般均不稳固，节理、裂隙发育，矿石及围岩的物理力学性质对开采工艺的影响是很大的。

在防火涂料中加入少量滑石粉能防止颜料沉淀、涂料流挂，并能在涂膜中吸收伸缩应力，避免或减少发生裂缝。并对提高涂层的硬度有明显的作用。但用量较多时会降低涂层的拉伸强度，并有明显的消光作用，在高光泽涂料中应慎用。

3.1.3.4 助剂

（1）防火涂料助剂的作用和选择原则　助剂是涂料生产中不可缺少的重要组成部分。助剂对涂料和涂膜的性能会产生很大的影响。有些助剂甚至还能赋予涂料某些新的功能。

根据助剂在涂料生产和使用各阶段的作用，可分为许多类型。如涂膜表面状态是涂料的主要性能指标之一，若处理不好，涂膜常出现橘皮、浮色发花、气泡、缩孔、针眼、流挂等弊病。为了控制涂膜表面弊病而使用的助剂，统称为表面状态控制剂。其中包括流平剂、浮色发花防止剂、消泡剂、流挂防止剂等助剂。有些助剂是在防火涂料配制时用以提高生产效率和提高产品质量的，如润湿剂、分散剂、消泡剂、增稠剂等。有些助剂则是单纯为提高涂料或涂层性能而添加的，如增塑剂、成膜助剂、防霉剂等。

防火涂料作为涂料中的一种类型，具有涂料的基本特征。因此一般涂料中使用的各种助剂，在防火涂料中通常也同样能选用。但从防火涂料自身的特点，则应尽可能地选用能够增加阻燃效果的原材料。例如，选用磷酸三甲苯酯、磷酸三苯酯、氯化石蜡和β-三氯乙烯磷酸酯等作为基料的增塑剂，同时也可增加涂料的阻燃性能，起到事半功倍的作用。

防火涂料目前主要有溶剂型和乳液型两大类。这两类涂料的组成有很大不同，所要解决的问题也不同，因此所采用的助剂种类也有较大的差别。

（2）溶剂型防火涂料常用的助剂

① 润滑分散剂　在溶剂型涂料中，当固体颜料、填料与基料混合时，基料中的聚合物就会吸附在颜料、填料的表面上。聚合物在颜料、填料表面上的吸附，对颜料、填料在涂料中的分散，分散体系的稳定性，涂料施工时的流动性和涂膜的附着力等均有较大影响。当聚合物在颜、填料表面上的吸附不能形成足够厚度的吸附层时，颜料就容易产生絮凝，严重时会形成沉淀结块，这是造成涂料分散体系稳定性不好的根本原因。

由此可见，润湿与分散在涂料生产中有十分重要的作用。润湿和分散是两个不同的概念。前者是改变颜料或填料颗粒的表面性能，使基料和溶剂能在漆表面上铺展和包覆。后者则是颜料或填料聚集体在机械力的作用下被粉碎成初级粒子，然后被基料所包覆，从而稳定地分散在涂料中的过程。这两个过程是紧密联系的。容易润湿的颜、填料颗粒容易被分散。解决这两个问题往往是由同一种物质完成的，所以这种物质就统称为润湿分散剂。

一般来说，极性聚合物的基料对颜、填料有较好的润湿分散性，因此一般可不使用分散剂。而对部分非极性的聚合物基料，由于聚合物与颜、填料的表面性质相差较大，聚合物在颜、填料表面的吸附性不好，因此颜、填料不容易分散，此时一般应通过添加润湿分散剂来解决。

② 防沉剂　涂料在贮存过程中，颜、填料受自身重力作用会向下沉淀，这是一种常见的现象。正常时，沉淀疏松，容易通过搅拌重新分散。但是如果颜、填料沉于桶底形成硬块无法搅起，就会影响涂料的使用效果。因此必须采取措施，防止或缓解沉淀的发生。防止涂料沉降的途径很多，如减小液相和固相的密度差；减小颜、填料颗粒粒径；增加涂料黏度；添加防沉剂等。其中以添加防沉剂最为有效和方便。

③ 流平剂　涂料施工成膜后的表面状态是涂料的一个重要的性能指标。流平性对涂膜的外观和光泽有很大的影响，流平性不好的涂料成膜后有明显的刷痕，或有橘皮状的表面、缩孔等缺陷，影响外观和光泽度。

涂料施工有刷涂、辊涂和喷涂等方法。如果涂料的流动性不好，在涂料干燥前不能完全流平，则会在表面留下刷痕或其他表面不平的情况。

从热力学观点来看，刷痕的流平是自发的过程，即表面能减小的过程。流平的驱动力是重力和表面张力。但流平的前提是涂料必须有流动性。从动力学观点来看，流平所需要的时间必须比涂层干燥时间短，否则就会留下刷痕。

此外，涂膜在干燥过程中由于溶剂挥发造成的浓度差、表面张力差等会造成各种表面缺陷，如橘皮、缩边、缩孔、鱼眼等。所有这些问题，通常都可通过流平剂来加以解决。

流平剂通常是表面张力较小的表面活性剂，其表面张力低于大多数溶剂的表面张力，因此可减低体系的表面张力，改善涂料的流变特性。

④ 消泡剂　溶剂型涂料泡沫较少，一般可不用消泡剂。但随着涂料产品档次的提高和人们对产品的要求越来越高，涂膜的表面状态越来越引起人们的关注。即使少量的泡沫也会给涂膜留下缩孔、针孔、鱼眼等弊病，影响涂膜的外观。因此，溶剂型涂料的消泡问题日益受到人们的重视。

(3) 乳液型防火涂料常用的助剂

① 增稠剂　聚合物乳液的黏度一般较低，配制成防火涂料后黏度通常也较低，影响其贮存、施工等各种性能。在乳液型防火涂料中加入增稠剂能增加涂料的稠度，减慢颜料的沉淀速度，而且使沉淀物松散，易重新搅拌均匀，保证涂料的贮存稳定性。有些增稠剂加入乳胶涂料中，可赋予乳液涂料触变性，使乳液涂料施工时涂刷省力，又可减少流挂，保证涂层的外观和质量。

增稠剂的类型和品种繁多，因此增稠剂的选择往往较复杂。对乳液型防火涂料有重要意义的增稠剂主要是聚羧酸盐类和含官能团的共聚物乳液。

聚羧酸盐是一类重要的增稠剂，主要包括聚丙烯酸盐和聚甲基丙烯酸盐。聚丙烯酸盐和聚甲基丙烯酸盐在乳液型防火涂料生产中有很大作用。当其相对分子质量（$<10^3$）较小时可用作分散剂，而相对分子质量大于10^3时可作为增稠剂。这类增稠剂在碱性条件下对乳液的增稠作用明显。

聚丙烯酸盐和聚甲基丙烯酸盐的最大优点是与聚丙烯酸酯类乳液相溶性好，所增稠的乳液容易成膜，涂膜平整而且不会被消光，适合于有光乳液型防火涂料的制备。另外这类增稠剂有不易被微生物降解的优点。

乳液型增稠剂又称缔合型增稠剂。此类增稠剂的主要品种有聚丙烯酸型、聚甲基丙烯酸型、聚氨酯型和有机硅型。与上面提到的聚丙烯酸盐和聚甲基丙烯酸盐不同，它们都是通过乳液聚合制备的交联型产物。这类增稠剂在碱性条件下可以被乳液粒子所吸附，并互相聚集使乳液黏度增加。但这种聚集是不稳定的，一旦对它施加压力，聚集即被破坏，黏度下降。而若应力消除，颗粒又重新聚集，黏度又上升。因此涂料具有良好的触变性。缔合型增稠剂可以使有光乳液涂料的光泽达到80%以上，远比聚丙烯酸盐增稠剂好。它同样不会发生微生物降解作用，因而是一种较为理想的增稠剂。

② 颜料分散剂　商品颜料和填料往往是初级颗粒的聚集体。在乳液型防火涂料制造中，颜料和填料必须被充分润湿和分散，才能回复到初级粒子的细度，达到最佳的分散状态。只有充分分散的颜料才具有最佳的遮盖力和着色力，才能使涂料具有应有的稳定性。

细小的颜料和填料颗粒表面具有很大的表面能，颗粒间有很大的内聚吸引力，因而有凝集成更大颗粒的倾向。而乳液型防火涂料以水为分散介质，水分子间的内聚能密度更大，因此更加剧了这种倾向。为了克服颜、填料的聚集现象，在乳液型防火涂料生产中往往需借助分散剂的作用，才能使颜料被润湿和分散。

高分子型分散剂目前主要有3种类型：低相对分子质量聚丙烯酸盐和聚甲基丙烯酸盐、苯乙烯-顺丁烯二酸酐共聚物、丙烯酸共聚物碱溶树脂。其中以低相对分子质量聚丙烯酸盐和聚甲基丙烯酸盐使用最普遍。这类分散剂对有机颜料和无机颜料分散性均良好，展色性优异，还有助于涂料光泽的提高。

分散剂的用量对涂料的质量有很大影响。当分散剂用量过多时，涂料的黏度往往会有大幅度下降，且会产生失光、附着力下降及耐水性降低等弊病。在颜基比确定的情况下，分散剂的用量有一个最佳点。据实验结果认为，以颜、填料量为基础，使用0.1%的无机分散剂和0.3%的高分子分散剂，综合效果一般较好。

③ 消泡剂　乳液型防火涂料中含有许多表面活性剂，如乳液中的乳化剂、增稠剂、润湿剂、分散剂等。它们都有使涂料起泡的倾向。在乳液型防火涂料制备和施工过程中，泡沫都将干扰生产和施工的正常进行，有时还会影响涂膜的质量。因此在乳液型防火涂料生产中，消泡剂的作用十分重要。

泡沫是气体分散于液体中的胶态体系。当分散的气泡尚未达到液体表面，或者即使达到了液体表面也不破裂消失，于是就形成泡沫。

消泡剂的作用就是通过消泡剂在气泡表面的吸附，局部改变气泡的表面张力，使其失去平衡而破裂。这就要求消泡剂本身应具有一定的亲水性，但又不能完全溶于水中。

消泡剂的选择，除了要考虑达到消泡的目的外，还必须不会对涂料引起颜料凝聚、缩孔、针孔、失光、缩边、丝纹和发花等副作用，消泡能力须持久。

许多低表面能的化学品都具有消泡作用，如醚类、长链醇类、脂肪酸酰胺类、磷酸酯类、有机硅类等。低相对分子质量的聚二甲基硅氧烷（硅油）具有非常优良的消泡剂效果。正丁醇、磷酸三丁酯等也是常用的消泡剂。

消泡剂的用量要适当。若用量过多，会引起缩孔、缩边等现象。推荐用量为0.01%～0.3%。

④ 成膜助剂　乳液型防火涂料的成膜是通过聚合物粒子的堆积、变形、破裂和融结而完成的。大部分涂料用乳液中的聚合物的 T_g 在 10～25℃之间，当环境温度低于上述温度时，涂料的成膜就受到障碍。但如果将乳液中聚合物的 T_g 设计得更低，虽能解决乳液的成膜问题，但一旦环境温度较高时，涂膜可能会表面发黏，影响其使用效果。为了使乳液型防火涂料既能在较低气温下融结成膜，又不使涂膜过于柔软，涂料生产工艺上采用加入成膜助剂的方法来解决。这种成膜助剂在成膜时起增塑剂的作用，使乳液的最低成膜温度降低；成膜完成后即逐渐挥发，使涂膜的机械性能和硬度恢复到原来水平。

可作为成膜助剂的化学物质很多，对其基本要求为：

a. 应能明显地降低乳液聚合物的玻璃化温度，并与聚合物之间有很好的相溶性；

b. 应具有中等至高的沸点，并应有一定的挥发速度，其挥发速度至少应低于水。这样，在成膜前或成膜过程中能保留在乳胶涂料中，成膜后逐渐挥发掉；

c. 应具有一定的水溶性或较好的亲水性，易为乳液颗粒所吸附。

常用的成膜助剂主要为醇类、醚类或酯类化合物，如乙二醇、丙二醇、己二醇、苯甲醇、一缩乙二醇、丙二醇乙醚、乙二醇丁醚、丙二醇丁醚、乙二醇丁醚醋酸酯、十二碳醇酯等。

成膜助剂的用量应根据乳液品种的不同和施工季节的变化来调整，一般为乳液涂料量的2%～4%。

⑤ 防霉防腐剂　在乳液型防火涂料中，由于加入多种助剂，特别是大量使用了各种表面活性剂，而成为微生物的营养源。涂料若被微生物污染，只要温度、湿度等生长条件适宜，微生物就会大肆繁殖，使涂料发霉变质，黏度下降并产生臭味，这种现象称为涂料的“腐败”。霉菌侵蚀干燥后的涂膜，形成黑色的淤积斑，导致涂料失去附着力而破坏，影响涂料的装饰效果，这种现象称为涂膜的“霉变”。为了防止乳液型防火涂料在贮存罐内的腐败和涂膜在使用过程中的霉变，通常可通过加入防霉防腐剂来解决。

涂料用的防霉防腐剂应满足以下几方面的要求：

a. 有广谱的抗微生物活性，对各种霉菌、细菌有广泛的致死或抑制作用，药效高，活性长久，且使用浓度要低；

b. 安全，对人体和牲畜无毒或低毒；

c. 不与涂料中其他成分发生化学反应，成膜后不影响涂膜的物理、化学和机械性能；

d. 挥发性低，在涂料中相溶性好，易分散，在水中不溶或难溶；

e. 价廉易得，使用方便。

⑥ 防冻剂　乳液型防火涂料为水性体系，低温受冻时容易破乳而破坏。防冻剂的作用就是降低乳液的冰点，改善其冻融稳定性，使其在低温贮存时不易破坏。防冻剂一般采用低分子量的醇类和醚类，如乙二醇、1,2-丙二醇、一缩二乙二醇、乙二醇乙醚、乙二醇丁醚等。其中最常用的为乙二醇。

乙二醇又名甘醇，分子式为 $HOCH_2CH_2OH$，是一种略带甜味的无色黏稠液体。相对分子质量 62，相对密度 1.1132，沸点 197.2℃，凝固点－12.6℃。易吸湿，能与水、乙醇、丙酮混溶。除作为防冻剂外，乙二醇还有作为成膜助剂的作用。

⑦ 防锈剂　为了防止包装铁罐的生锈腐蚀，常在乳液型防火涂料中加入防锈剂。常用的防锈剂为苯甲酸钠和亚硝酸钠，两者混合使用效果更好。用量一般为涂料的 0.2%～0.5%。防锈剂只有短期的防锈效果。若涂料需长期保存，应装入塑料桶或有防腐蚀涂层的铁桶中。

⑧ 流平剂　乳液型防火涂料的流平性一般不好，这是由于乳液涂料中的水分外蒸内吸，涂膜失水太快所至。因此流平剂的作用实际上是延缓乳液涂料中水分的蒸发，使涂料有足够的时间铺展。

目前应用于乳液型涂料效果较好的流平剂为 1,2-丙二醇，但用量较大。对有光乳液涂料的用量高达 12%，对平光乳液涂料用量可适当减少。

3.1.3.5　溶剂的选择

溶剂在防火涂料中是挥发性部分，主要用于调节防火涂料的黏度和干燥速度，改善防火涂料的施工性。但是实践表明，溶剂的合理选择和使用，对防火涂料性能有极其重要的作用。在进行溶剂型防火涂料的配方设计时，应着重考虑以下几个问题：

(1) 溶解能力　溶解能力是选择溶剂时首先必须考虑的因素。判断溶剂对聚合物溶解能力的大小，一般可以从形成一定浓度溶液的溶解速度、黏度以及溶液的外观是否透明来分析。溶解能力越强，溶解速度越快，溶液的黏度一般也越低。溶解良好的聚合物溶液应是清澈透明的，无不溶物，也不分层，而且贮存过程中黏度变化甚微。

溶剂的选择可借助“极性相似相溶原则”和“溶度参数原则”来判断溶剂的溶解性。但这些原则都是从经验总结而来，只能作为参考，最终应通过大量实验来决定。

(2) 挥发性　溶剂的挥发性决定涂膜的干燥快慢、涂膜的外观及质量。若溶剂挥发率太小，则涂膜干燥慢，影响施工进度，同时涂膜在没有干燥硬化之前易被雨水侵袭或表面沾污。而所用溶剂的挥发性太大，则涂膜会很快干燥，影响涂膜的流平性、光泽等指标，表面会产生橘皮状或出现泛白现象。泛白是由于溶剂蒸发得过快，涂膜表面温度短时间内降低较多而在表面凝聚水分引起的。因此应选用挥发性适中的溶剂。有时单一溶剂不能满足要求，可采用挥发性不同的溶剂混合来改善涂膜的性质。

(3) 溶剂的平衡性　使用混合溶剂时，由于各种溶剂的溶解能力和挥发速度不同，随着溶剂的挥发，涂料中溶剂的组成会发生变化，涂料的性能也随之变化。为了使混合溶剂在挥发过程中对涂料的性能不产生不良影响，必须考虑溶剂间的平衡。通常要求选用的混合溶剂最好能形成共沸物。亦即在溶剂的挥发过程中残留在湿膜中的混合溶剂的组成不会随着挥发的进行而改变。共沸物的组成可用理论估算得到，也可实验测得。

（4）表面张力　溶剂的表面张力对颜料的分散有很大影响。低表面张力的溶液有利于对颜料的湿润，也有利于颜料在漆料中的分散和稳定。另外，用表面张力较低的溶剂配制成的涂料也具有较低的表面张力，有利于涂膜对基材的润湿，提高涂料的流平性和涂膜对基材的附着力。

（5）溶剂的安全性　有机溶剂几乎都是易燃、易爆的液体。有些溶剂对人体有不同程度的毒害。因此在选用溶剂时，对其安全性要认真考虑，尽量选择对人体毒性较小的溶剂。

防火涂料中常用的溶剂有甲苯、二甲苯、乙酸乙酯、乙酸丁酯、乙二醇乙醚乙酸酯、乙醇、正丁醇、双丙酮醇、丙酮、甲乙酮、环己酮、甲基异丁基酮、异佛尔酮、醋酸溶纤剂、石油醚、丙二醇甲醚、丙二醇乙醚、丙二醇丁醚、200 号溶剂汽油等。对聚氨酯用的溶剂，除了考虑溶剂的上述因素外，还应注意在溶剂中不能含有能与异氰酸酯基反应的物质，不可采用醇、醚类溶剂。

3.1.4　防火涂料的防火原理

按照防火原理，防火涂料大体可分为膨胀型和非膨胀型两类。

3.1.4.1　膨胀型防火涂料

膨胀型防火涂料成膜后，在火焰或高温作用下，涂层剧烈发泡炭化，形成一个比原涂膜厚几十倍甚至几百倍的难燃的海绵状炭质层。它可以隔断外界火源对底材的直接加热，从而起到阻燃作用。防火涂料发泡形成难燃的海绵状炭质隔热层的过程如图 3-2 所示。

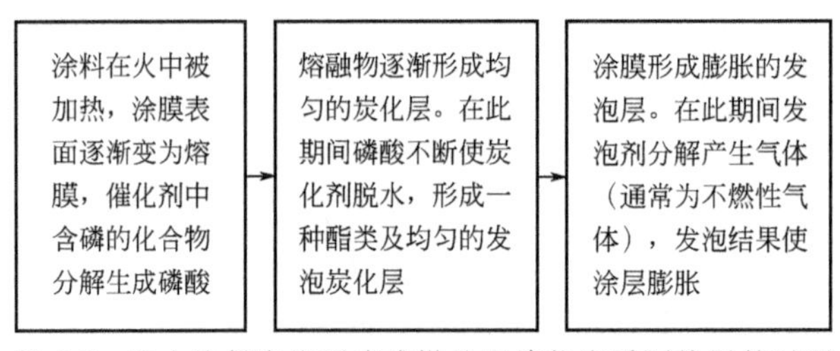

图 3-2　防火涂料发泡形成难燃的海绵状炭质隔热层的过程

一方面，防火涂料发泡后，涂层厚度剧增，因而使其热导率大幅度减小。因此，通过泡沫炭化层传给保护基材的热量只有未膨胀涂层的几十分之一，甚至几百分之一，从而有效地阻止了外部热源的作用。

另一方面，在火焰或高温作用下，涂层发生的软化、熔融、蒸发、膨胀等物理变化，及聚合物、填料等组分发生的分解、解聚化合等化学变化也能吸收大量的热能，抵消一部分外界作用于物体的热，从而对被保护底材的受热升温过程起延滞作用。

此外，涂层在高温下发生脱水成炭反应和熔融覆盖作用，能隔绝空气，使有机物转化为炭化层，避免氧化放热反应的发生。还由于涂层在高温下分解出不燃性气体，能稀释有机物热分解产生的可燃气体及氧气的浓度，抑制燃烧的进行。

3.1.4.2　非膨胀型防火涂料

（1）非膨胀型防火涂料是通过以下途径发挥作用的

① 涂层自身的难燃性或不燃性。

② 在火焰或高温作用下分解释放出不燃性气体（如水蒸气、氯化氢、二氧化碳等），稀

释氧和可燃性气体，抑制燃烧的产生；

③ 在火焰或高温作用条件下形成不燃性的无机釉膜层，该釉膜层结构致密，能有效地隔绝氧气，并在一定时间内有一定的隔热作用。

(2) 非膨胀型防火涂料按照成膜物质的不同 可分为有机和无机两种类型。

① 非膨胀型有机防火涂料 非膨胀型有机防火涂料由含卤素、氮、磷之类的难燃性有机树脂、防火添加剂及无机颜料构成。

含卤素聚合物具有较好的难燃自熄性，又有较好的耐水性和耐化学药品性，并且受热时可分解释放出卤化氢。卤化氢对可燃性气体燃烧时的链锁反应具有断链作用，从而能抑制燃烧的进行。因此，含卤素的树脂被广泛应用于防火涂料中。含卤素的树脂又以热稳定性相对较好且价格低廉的含氯树脂应用最广。常用的含氯聚合物有氯化橡胶、氯化醇酸、氯化聚酯、聚偏二氯乙烯、氯化环氧、聚氯乙烯、过氯乙烯、偏氯乙烯-氯乙烯共聚物、氯磺化聚乙烯、氯丁橡胶乳液、偏二氯乙烯酸共聚物乳液、氯化石蜡等。

含卤素聚合物与三氧化二锑配合使用，可以发挥更好的防火效果。因为含卤素树脂在火焰或高温作用下，分解释放出的卤化氢除了能捕捉羟基自由基终止链锁反应从而抑制燃烧外，还能与三氧化二锑反应，生成低熔点、低沸点的三卤化锑等物质，其蒸气可笼罩包覆涂层表面隔绝空气而抑制燃烧。

有机聚合物中含卤素量越高，难燃效果越好。但含卤素量增加，有机聚合物的物理机械性能和耐热性能就会降低。

难燃防火添加剂是防火涂料的重要组成成分。环氧树脂、醇酸树脂、酚醛树脂等非难燃性树脂作为非膨胀型防火涂料的漆基时，主要就是靠添加难燃剂及无机填料来实现难燃作用的。常用难燃剂有含磷、卤素、氮的有机化合物（如氯化石蜡、十溴联苯醚、磷酸三丁酯等）和硼系（硼砂、硼酸、硼酸锌、硼酸铝)、锑系、铝系、锆系等无机化合物。

无机填料在非膨胀型防火涂料中占有很大比例。它可降低涂层中有机聚合物的体积浓度，使单位面积上的热分解生成物减少，从而提高涂层的耐热性和耐燃性。另外，有些填料在高温可发生脱水、分解等吸热反应或熔融、蒸发等物理吸热过程，填料所分解放出的气体能冲淡可燃性气体和氧的浓度，填料熔融体形成的无机覆盖层可使涂层与空气隔绝。无机填料的这些作用与防火添加剂及难燃树脂的作用相互配合可实现涂层良好的阻燃效果。常用的填料有三氧化二锑、氢氧化铝、石棉粉、磷酸铝、二氧化钛、玻璃粉、氧化锌、硼酸锌等。

② 非膨胀型无机防火涂料 无机涂层主要通过涂层自身耐火不燃，且在高温下可形成釉质膜封闭基材，使基材与空气隔绝等途径来达到防火阻燃的目的。作为无机填料的胶黏剂主要有水玻璃（硅酸钠、硅酸钾、硅酸锂等)、硅溶胶、磷酸盐、水泥等。所用的填料主要是一些耐火矿物质，如氧化铝、石棉粉、锌钡白、碳酸钙、氧化锌、珍珠岩、钛白粉等。

无机防火涂料有较高的耐热性和完全不燃、不发烟的特点，且价格低廉、无毒。但其附着力及物理机械性能较差，易龟裂、粉化，涂层装饰性不好。

3.1.5 防火涂料的配方设计与配色

3.1.5.1 防火涂料的配方设计基本原则

一般防火涂料的配方设计主要应考虑以下几个方面：基料类型的选择；防火助剂的选择；溶剂类型的选择；助剂的选择与匹配；颜料和填料的选择；各组成之间的比例的确定；生产工艺条件和施工工艺的确定。

其中以合理选择基料、防火助剂、颜料、填料、助剂和溶剂的种类，以及各组分比例的确定是最关键的问题。

首先应根据防火涂料的类型、用途、特性和质量指标确定基料，然后根据基料相应选择溶剂、防火助剂、颜料、填料和其他助剂。

以下以水性膨胀型防火涂料的配方设计为例加以说明。

在膨胀型防火涂料中，各组分的选择原则主要考虑基料的熔融温度、发泡剂的分解温度和成炭剂的炭化温度应该匹配。当涂层受到火源的袭击时，基料首先熔融软化。在其尚未达到树脂的滴淌温度时，体系已达到发泡剂的分解温度，发泡剂分解放出的气体使涂层迅速发泡膨胀。同时脱水成炭催化剂分解出具有催化作用的磷酸等物质，促使成炭剂失水炭化，形成发泡骨架层。这样，由于各种助剂的协调作用，使涂层在受热时很快形成具有一定强度的发泡炭化层。从以上过程不难理解，基料的熔融温度应当比发泡剂和脱水成炭催化剂的分解温度略低。

根据以上原则，通过大量试验，普遍认为在水性膨胀型防火涂料配方中采用氯偏共聚乳液和丙烯酸酯共聚乳液复合物作为基料、三聚氰胺作为发泡剂、季戊四醇作为炭化剂、高相对分子质量聚磷酸铵作为成炭催化剂是较好的组合。同时，还可加入部分耐火填料，如钛白粉、氧化锌、三氧化二锑、滑石粉、凹凸棒土等，既可提高发泡层的强度，又可有效提高涂层的阻燃性和抑制发烟量。

在采用上述防火助剂体系时，选用氯偏乳液作为基料，是因为其发泡层的泡孔结构比较均匀，发泡率也较大。但氯偏乳液发泡层的机械强度较低，可通过与聚丙烯酸酯乳液共同使用，并添加一定量的水性酚醛树脂或三聚氰胺甲醛树脂来解决，其中氯偏乳液与聚丙烯酸酯乳液的比例为 80∶20，水性酚醛树脂或三聚氰胺甲醛树脂用量约为乳液量的 4％～8％。

对溶剂型防火涂料的配方设计，大致也可遵循上述原则。

防火助剂在膨胀型防火涂料中的总含量以 50％～70％最为适宜。防火助剂用量太多，涂膜的强度较低；太少则发泡效果不好。在防火助剂中炭化剂占 10％～20％；脱水成炭催化剂占 40％～60％，发泡剂占 30％～40％。

3.1.5.2　防火涂料生产配方和工艺

(1) 水性膨胀型钢结构防火涂料配方和生产工艺

① 配方　水性膨胀型钢结构防火涂料的参考配方见表 3-2。

表 3-2　水性膨胀型钢结构防火涂料的参考配方　　单位：质量份

原料名称	配方一	配方二	配方三
聚丙烯酸酯乳液/48％	30.0	—	10.0
聚醋酸乙烯酯乳液/45％	—	25.0	—
氯乙烯-偏二氯乙烯共聚乳液(75∶25,40％)	—	5.0	22.0
聚磷酸铵	22.4	20.0	21
三聚氰胺	4.2	—	4.5
双氰胺	—	15.0	—
季戊四醇	8.4	10.0	10.0
钛白粉(金红石型)	5.0	3.0	3.0
凹凸棒土	—	2.0	2.0
氯化石蜡(含氯量 42％)	2.0	—	3.0
乳化剂 OP-10	0.5	—	0.5
六偏磷酸钠	0.35	0.3	0.35

续表

原料名称	配方一	配方二	配方三
增稠剂 P-19	1.0	—	1.0
羟乙基纤维素	0.1	0.1	—
水	26.0	20.0	23

② 生产工艺　将水投入搅拌桶，开动搅拌，加入六偏磷酸钠和羟乙基纤维素，配成水溶液。另取部分水，加入 OP-10 和氯化石蜡，搅拌成均匀的乳液。将以上溶液和乳液合并，然后逐步加入凹凸棒土、钛白粉和防火助剂，搅拌均匀。送入研磨设备研磨至细度小于 60μm。加入聚丙烯酸酯乳液和氯偏乳液混合均匀，即得防火涂料成品。

③ 配方分析　水性膨胀型防火涂料的特点是无毒、无味、施工方便，近年来得到普遍推广。

配方一全部采用聚丙烯酸酯乳液作为基料，涂料的成膜性好，但熔融温度较低。加入较多量的钛白粉有利于提高涂膜的软化温度。加入适量的氯化石蜡可提高聚丙烯酸酯的阻燃性和表面状态。

配方二主要采用聚醋酸乙烯酯乳液为成膜物质，熔融温度比聚丙烯酸酯乳液更低，因此加入部分氯偏乳液以提高涂膜的软化温度。采用双氰胺作发泡剂，发泡温度较低，可与聚醋酸乙烯酯较好匹配。

配方三采用聚丙烯酸酯乳液与氯偏乳液共同作为基料，特点是涂膜的软化温度较高，可与三聚氰胺、聚磷酸铵等防火助剂良好匹配，发泡层结构紧密，泡孔均匀。适量加入氯化石蜡既有利于提高涂膜的阻燃能力，又对乳液有一定的增塑作用，使涂料的成膜性得到改善。

配方二与配方三中因使用了氯偏乳液，发泡层的强度会有所降低，因此加入适量纤维状的凹凸棒土，有利于发泡层强度的提高，防止发泡层在燃烧过程中开裂和脱落。

配方中的六偏磷酸钠作为颜料的分散剂。羟乙基纤维素作为涂料的增稠剂。

(2) 溶剂型不饱和聚酯饰面膨胀防火涂料的配方和生产工艺

① 配方　溶剂型不饱和聚酯饰面膨胀防火涂料的参考配方如表 3-3 所示。

表 3-3　不饱和聚酯饰面膨胀防火涂料配方　　单位：%

原料名称		用量
A 组分	不饱和聚酯树脂	48
	5%苯乙烯石蜡溶液	3
	磷酸二氢铵	18
	双氰胺	12
	季戊四醇	8
	淀粉	8
	白炭黑	3
B 组分	过氧化环己酮二丁酯糊(50%)	4
	环烷酸钴苯乙烯溶液(6%)	4

② 生产工艺　将不饱和聚酯树脂分成两部分。一部分先与苯乙烯石蜡溶液、磷酸二氢铵和双氰胺混合，研磨至规定细度。然后加入季戊四醇、淀粉、白炭黑和剩余的不饱和聚酯树脂。搅拌均匀，即得膨胀型防火涂料涂料 A 组分。使用时加入 B 组分中的两种物质，搅

拌均匀。

③ 配方分析　不饱和聚酯防火涂料为双组分涂料，涂料制备主要在A组分。这种防火涂料的涂层坚硬丰满，装饰效果较好。白炭黑的加入有助于提高涂料的防沉降性。

因采用磷酸二氢铵为脱水成炭催化剂，分解温度较低，因此发泡剂和成炭剂也选用分解温度较低的双氰胺和淀粉。但为保证发泡层的强度，同时采用一部分季戊四醇。

配方中基料用量较多，达48%，可保证涂料有良好的装饰性。防火助剂用量为46%，相对较少。但因涂料中不含填料，发泡倍率较高，可满足一般饰面型防火涂料的要求。根据需要还可加入部分颜料制成色漆。

该防火涂料的凝胶时间为6～8h，必须即配即用。涂料的胶凝时间可通过环烷酸钴的加入量来调节，必要时还可加入10%的N,N-二甲基苯胺苯乙烯溶液1～2质量份来加速凝胶时间。

3.1.5.3　防火涂料的配色

(1) 光与物体的颜色　防火涂料（包括水性和溶剂型涂料）一般都具有一定的色彩。涂料的色彩不仅仅是为了美观，在许多企业（特别是化工、石油、电力企业）也是一种标识。同时颜色对涂料本身的性能也有一定影响。在实际生产中，除了少量彩色涂料可用单种颜料来配制外，大部分需要通过多种颜料共同配制而成，这就是涂料的配色。在讨论配色之前，需要先了解颜色的产生及其特点。

颜色是光刺激人体肉眼而产生的一种感觉。人的眼睛通常只能感受到波长为400～760nm的可见光（白光）。涂料的颜色也是其在日光（白光）照射下呈现的颜色。人们知道白光是由红、橙、黄、绿、青、蓝、紫七种单色光组成的，其波长范围如表3-4所示。

表3-4　白光的组成及其波长范围

色光名称	波长/nm	色光名称	波长/nm
红光	760～630	青光	500～450
橙光	630～600	蓝光	450～430
黄光	600～570	紫光	430～380
绿光	570～500		

如果一个物体将照射到它表面的白光中的所有成分全部反射出来，则物体呈白色。而当白光中的所有成分以同样的比例被物体吸收时，物体呈灰色。被吸收的光量越大，灰色越深。所有成分全部吸收时，物体便呈黑色。由白色—浅灰—中灰—深灰—黑色所形成的一系列颜色构成颜色中特殊的一类——非彩色。

如果白光照射在物体上被有选择地吸收，即某些波长的光被吸收而其余波长的光被反射，则物体会呈现被反射的那部分光的颜色。如红光被吸收，物体呈现蓝绿色；黄光被吸收时，物体呈现蓝色；反之蓝光被吸收时，物体呈现黄色。由于光在物体表面被有选择地吸收，使得物体呈现红、橙、黄、绿、蓝等各种五彩缤纷的颜色。由此构成颜色中的另一类——彩色。

颜色的特性可通过三个物理概念来表明，即色调、明度和彩度。色调是指颜色的种类，如红、绿、蓝、黄等，是颜色在“质”方面的特性。明度是指颜色的明亮程度，是由同一色调时反射光强决定的，反映了颜色在“量”方面的特性。彩度是表示颜色是否饱和纯洁的特性，物体反射出的光线的单色性越强，则彩度值越高。例如，以蓝色—中蓝—浅蓝—天蓝—浅天蓝—白色的顺序排列，单色性越来越低，则彩度也由大到小越来越低。掺入的白色光越多，彩度越低，白色光的比例达到一定程度，肉眼看上去就变成了白色。颜色的这三种特性之间的关系可用如图3-3所示的立体色图来说明。

图的中央垂直轴代表了白-灰-黑系列非彩色的明度的变化。底端为黑，顶端为白，中间为由深到浅的灰色。中央水平面圆周上代表了各种颜色。圆心为中灰色，从圆心向圆周过渡表示彩度逐渐增高。圆周上的点与垂直轴组成的三角形平面成为等色调面，所有明度和彩度不同但色调相同的颜色都在同一等色调面上。各水平面是等明度面，所有彩度和色调不同但明度相同的颜色都在同一等明度面上。通过这一立体色图，颜色的三个特性间的关系一目了然。如果两种颜色的色调、明度和彩度都相同，则这两种颜色是完全相同的。而如果这三个特性中的任何一个有差别，则这两种颜色是不同的。

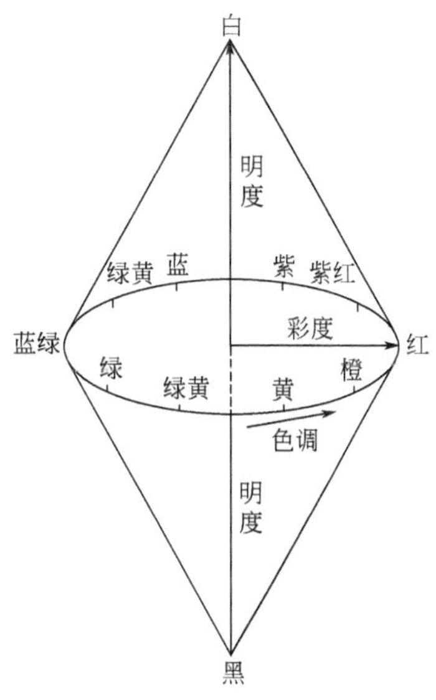

图3-3 立体色图

将两种颜色调节到三个特性都相同或基本相同的过程称为颜色匹配，具体到涂料工业上即是复色涂料的配制，亦称配色。

（2）复色防火涂料的配制

① 颜色的三原色 颜色的匹配可通过两种不同的方法进行。一种称为颜色相加混合法。例如，彩色电视机的呈色是通过红、绿、蓝三色电子枪将彩色光束射到荧光屏上，依靠颜色叠加来获得各种各样颜色的。蓝加红为紫，红加绿变黄，蓝加绿呈青，而红加绿加蓝变为白色。任何颜色可通过红、绿、蓝三种颜色叠加来实现，因此在颜色相加混合法中，红、绿、蓝三种颜色被称为三原色。

颜色匹配的另一种方法称为颜色相减混合法。涂料的配色一般属于这种类型。以绿色涂料为例，它是由透明的基料和黄、蓝两种颜料颗粒混合组成的。当白光照射其上时，黄色颜料颗粒只反射黄光部分及其附近的绿光，而将其余的光都吸收掉（减掉）；蓝色颜料颗粒则只反射蓝光部分及其附近的绿光，而将其余的光都吸收掉（减掉）。这样，白光经黄、蓝两种颜料颗粒的双重减色，结果是只呈现绿色。

在颜色相加混合法中，通过红、绿、蓝三原色可获得各种颜色，同样在颜色相减混合法中，通过控制红、绿、蓝三种颜色也能获得任意多种颜色。通过颜色相减原理，人们发现能控制红、绿、蓝颜色的是它们的补色（任何一种颜色的光与其补色的光相加即为白色），即青、品红和黄三色。白光减红呈蓝绿色，称为青色，是控制红色用的；白光减绿呈红紫色，称为品红色，是控制绿色用的；白光减蓝呈黄色，是控制蓝色用的。这样，品红加黄为红，青加黄为绿；青加品红为蓝，品红加黄加青为黑。因此在涂料的配色中，三原色为青、品红和黄三色。但是实际上，并没有品红和青这两种颜料，因此涂料的配色只能采用红、黄、蓝三种近似颜色的颜料。正因为这一缘故，增加了涂料配色的复杂性。至今为止，涂料的人工配色很难总结出一套放之四海而皆准的规律，而只能通过大量的经验来实现。

② 涂料配色的三原则 如前所述，只有当色调、明度和彩度都相同时，两种颜色才相同。因此，可通过改变这三个特性中的任何一个参数，就可获得一种新的颜色。人们从大量的实践中，总结出了一些配色的基本原则，作为实际使用中的参考。

a. 用红、黄、蓝三色按一定比例混合可获得不同的中间色。中间色与中间色混合，或中间色与红、黄、蓝中的一种混合又可得到复色。如铬黄加铁蓝得到绿色，甲苯胺红加铬黄得到橙红色，铬黄加铁蓝再加铁红得到茶青色等。但必须注意，颜料之间的复配次数越多，色彩将越暗。

b. 在某种色调的基础上，加入白色可得到彩度不同的一系列复色，亦即通常所说的深浅不同。例如：米黄—乳黄—牙黄—珍珠白这一系列深浅不同的颜色，就是在中铬黄中加入不同比例的钛白粉产生的效果。

c. 在某种色调的基础上，加入黑色可得到明度不同的一系列复色。如铁红加黑色得紫棕色，白色加黑色得一系列深浅不同的灰色，黄色加黑色得黑绿色等。

实际上，配色的三原则可组合应用，例如在某一色调的基础上同时改变其明度和彩度，或在某一彩度的基础上同时改变其色调和明度，都可得到一系列新的颜色。例如用不同量的铬黄加铁红改变其色调，再加入不同量的钛白粉和炭黑改变其彩度和明度，即可得到浅驼色、中驼色、深驼色、浅驼灰、中驼灰、深驼灰等一系列颜色。

③ 涂料配色用颜料　目前，可供涂料使用的颜料按其所呈现的色彩可分为红、橙、黄、绿、蓝、紫、白、黑八种，但每一种颜色类型中又有色调、明度和彩度的不同，选用时必须加以注意。例如：铁红有偏紫红、偏黄和偏黑三种色调；铬黄有深、中、浅三种彩度；炭黑有偏蓝色和偏红色两种色调；酞菁蓝有偏红色和偏黄色两种色调；铁蓝有偏红和偏青两种色调等。

由此可见，在配色时认真仔细和正确选用颜料对配色成功与否是相当重要的。例如，用黄色调的铁红就无法配制出纯正的紫棕色来。配制中黄色涂料时，若采用了偏红色调的中铬黄时，虽可通过加入少量钛白粉来冲淡红色调而麻痹视觉，但因明度较低的红色调仍存在于涂料中，因此涂料的明度降低，颜色将晦暗而不鲜艳。

除了考虑颜色的特性之外，颜料的颗粒度、悬浮性、着色力、浮色程度等均会影响复色涂料的配制，应在配色前充分了解。

④ 复色防火涂料的配制　复色防火涂料的配制通常可按以下步骤进行：

a. 确定原料。配色前先应结合工艺配方了解欲配制颜色的色调范围（参照标准色卡、色板或涂料实样），决定由哪几种颜料组成，哪种为主色，哪种为副色。

b. 轧制色浆。在配制彩色涂料前，应先制备色浆。色浆的制备是将颜料、溶剂、树脂和润湿分散剂等按比例配合，搅拌均匀后，用三辊研磨机或球磨机研磨数次，直至细度达到要求为止。

c. 配制涂料。防火涂料的本色一般为白色，可根据要求配制各种颜色的涂料。将各种色浆按比例加入本色涂料中，搅拌均匀即可。

常用彩色涂料的颜料配制参考配方见表 3-5。

表 3-5　常用彩色涂料的颜料配制参考配方

涂料颜色＼色浆名称	钛白粉	锌钡白	炭黑	松烟	中铬黄	浅铬黄	柠檬黄	深铬黄	赭黄土	铁红	立索尔红	大红粉	深铬绿	铁蓝	群青
浅奶油黄	100				0.5					△					
米色	100			0.27	1.1					0.18					
石色	100		0.01		0.33			3.33							
浅褐色	100		0.02		17					0.9					
浅棕色	100				116					153					
浅土黄色	100				5					2					
黄棕色					100					76.4					

续表

色浆名称 / 涂料颜色	钛白粉	锌钡白	炭黑	松烟	中铬黄	浅铬黄	柠檬黄	深铬黄	赭黄土	铁红	立索尔红	大红粉	深铬绿	铁蓝	群青
赭石色		10.8			100					27.5					
棕黄色		6.8		1.7	100					33.2					
棕褐色			3.2							100					
咖啡色			8.7					27.7		100					
栗壳色			5		10.5					100					
棕色		22		2.5	100					77.5					
柠黄色	100						100								
浅黄色	100					100									
中黄色	100				100										
深黄色	100						10								
金黄色					100						5.26				
橘黄色							100				0.42				
粉红色	100										0.36				
紫色	100											7.5		7.5	
天蓝色	100													0.1	
中蓝色	100													30	
湖蓝色	100					0.1								0.8	
湖绿色	100				0.53									1.33	
浅绿色	100				0.8									0.6	
翠绿色														2.5	
豆绿色	100					50				2				0.8	
银灰色	100		0.04		0.25										
浅灰色	100		0.04												1.2
深灰色	100		1.5												
深绿色				5.8	100									50	
墨绿色			10		100									80	
草绿色		1.9	0.5		100						35			11	
蛋青色	100												0.9		
深草绿色			0.8		100					50				18	
橄榄绿色		120	1.6		100					57				22.5	
草黄色	100								128						
橄黄色	100				100					60					
白色	100														0.6

续表

色浆名称 涂料颜色	钛白粉	锌钡白	炭黑	松烟	中铬黄	浅铬黄	柠檬黄	深铬黄	赭黄土	铁红	立索尔红	大红粉	深铬绿	铁蓝	群青
象牙色	100					0.5									
黄象牙色	100				0.8										
深奶油色	100				5					△					
奶油色	100				0.9					△					

注：1. 表中△表示微量。

2. 涂料中色浆用量：g 色浆/100kg 白漆。

3.2 钢结构防火涂料

3.2.1 钢结构防火涂料的技术性能

（1）一般要求

① 用于制造防火涂料的原料应不含石棉和甲醛，不宜采用苯类溶剂。

② 涂料可用喷涂、抹涂、刷涂、辊涂、刮涂等方法中的任何一种或多种方法方便地施工，并能在通常的自然环境条件下干燥固化。

③ 复层涂料应相互配套，底层涂料应能同普通的防锈漆配合使用，或者底层涂料自身具有防锈性能。

④ 涂层实干后不应有刺激性气味。

（2）性能指标

① 室内钢结构防火涂料的技术性能　应符合表 3-6 的规定。

表 3-6　室内钢结构防火涂料技术性能

序号	检验项目	技术指标			缺陷分类
		NCB	NB	NH	
1	在容器中的状态	经搅拌后呈均匀细腻状态，无结块	经搅拌后呈均匀液态或稠厚流体状态，无结块	经搅拌后呈稠厚流体状态，无结块	C
2	干燥时间（表干）/h	≤8	≤12	≤24	C
3	外观与颜色	涂层干燥后，外观与颜色同样品相比应无明显差别	涂层干燥后，外观与颜色同样品相比应无明显差别	—	C
4	初期干燥抗裂性	不应出现裂纹	允许出现 1～3 条裂纹，其宽度应≤0.5mm	允许出现 1～3 条裂纹，其宽度应≤1mm	C
5	黏结强度/MPa	≥0.20	≥0.15	≥0.04	B
6	抗压强度/MPa	—	—	≥0.3	C
7	干密度/(kg/m³)	—	—	≤500	C
8	耐水性/h	≥24 涂层应无起层、发泡、脱落现象	≥24 涂层应无起层、发泡、脱落现象	≥24 涂层应无起层、发泡、脱落现象	B

续表

序号	检验项目		技术指标			缺陷分类
			NCB	NB	NH	
9	耐冷热循环性/次		≥15 涂层应无开裂、剥落、起泡现象	≥15 涂层应无开裂、剥落、起泡现象	≥15 涂层应无开裂、剥落、起泡现象	B
10	耐火性能	涂层厚度(不大于)/mm	2.00±0.20	5.0±0.5	25±2	A
		耐火极限(以 136b 或 140b 标准工字钢梁作基材)(不低于)/h	1.0	1.0	2.0	

注:1. 裸露钢梁耐火极限为 15min(136b、140b 验证数据),作为表中 0mm 涂层厚度耐火极限基础数据。

2. A 为致命缺陷,B 为严重缺陷,C 为轻缺陷。

② 室外钢结构防火涂料的技术性能　应符合表 3-7 的规定。

表 3-7　室外钢结构防火涂料技术性能

序号	检验项目	技术指标			缺陷分类
		WCB	WB	WH	
1	在容器中的状态	经搅拌后呈细腻状态,无结块	经搅拌后呈均匀液态或稠厚流体状态,无结块	经搅拌后呈稠厚流体状态,无结块	C
2	干燥时间(表干)/h	≤8	≤12	≤24	C
3	外观与颜色	涂层干燥后,外观与颜色同样品相比应无明显差别	涂层干燥后,外观与颜色同样品相比应无明显差别	—	C
4	初期干燥抗裂性	不应出现裂纹	允许出现 1～3 条裂纹,其宽度应≤0.5mm	允许出现 1～3 条裂纹,其宽度应≤1mm	C
5	黏结强度/MPa	≥0.20	≥0.15	≥0.04	B
6	抗压强度/MPa	—	—	≥0.5	C
7	干密度/(kg/m^3)	—	—	≤650	C
8	耐曝热性/h	≥720 涂层应无起层、脱落、空鼓、开裂现象	≥720 涂层应无起层、脱落、空鼓、开裂现象	≥720 涂层应无起层、脱落、空鼓、开裂现象	B
9	耐湿热性/h	≥504 涂层应无起层、脱落现象	≥504 涂层应无起层、脱落现象	≥504 涂层应无起层、脱落现象	B
10	耐冻融循环性/次	≥15 涂层应无开裂、脱落、起泡现象	≥15 涂层应无开裂、脱落、起泡现象	≥15 涂层应无开裂、脱落、起泡现象	B
11	耐酸性/h	≥360 涂层应无脱落、开裂现象	≥360 涂层应无脱落、开裂现象	≥360 涂层应无脱落、开裂现象	B
12	耐碱性/h	≥360 涂层应无脱落、开裂现象	≥360 涂层应无脱落、开裂现象	≥360 涂层应无脱落、开裂现象	B
13	耐盐雾腐蚀性/次	≥30 涂层应无起泡、明显的变质、软化现象	≥30 涂层应无起泡、明显的变质、软化现象	≥30 涂层应无起泡、明显的变质、软化现象	B

续表

序号	检验项目		技术指标			缺陷分类
			WCB	WB	WH	
14	耐火性能	涂层厚度(不大于)/mm	2.00±0.20	5.0±0.5	25±2	A
		耐火极限(以136b或140b标准工字钢梁作基材)(不低于)/h	1.0	1.0	2.0	

注：裸露钢梁耐火极限为15min(136b、140b验证数据)，作为表中0mm涂层厚度耐火极限基础数据。耐久性项目(耐曝热性、耐湿性、耐冻融循环性、耐酸性、耐碱性、耐盐雾腐蚀性)的技术要求除表中规定外，还应满足附加耐火性能的要求，方能判定该对应项性能合格。耐酸性和耐碱性可仅进行其中一项测试。

3.2.2 钢结构防火涂料的选择

钢结构防火涂料在工程中的实际应用涉及多方面的问题，对涂料品种的选用、产品质量和施工质量的控制都需加以重视。

目前市场上的钢结构防火涂料根据其技术特点和使用环境的不同，分为很多品种及型号，它们是分别按照不同的标准进行检测的。例如，用于室内的钢结构防火涂料，是按照室内钢结构防火涂料的技术标准进行检测的；用于室外的钢结构防火涂料，其耐久性以及耐候性方面的要求更高，需严格按照室外的钢结构防火涂料检验标准进行检验。如果将室内型钢结构防火涂料用到室外的环境中去，必然会导致防火涂料“失效”问题的发生。

另外，从钢构件在建筑中的使用部位来看，其承载形式及承载强度的差异，也必然导致对钢构件的耐火性能要求的不同。根据建筑物的使用特点及火灾发生时危险与危害程度的差异，我国建筑设计防火规范中对建筑内各部位构件的耐火极限要求也从0.5～3.0h不等。正是由于这些差异的存在，科学合理地选择防火涂料来对钢构件进行防火保护就显得至关重要了。因此，为了保障建筑物的防火安全，应以确保产品质量和施工质量为前提，不宜过分强调降低造价，否则将难以保证涂料的产品质量和涂层厚度，最终将影响对钢结构的防火保护。一般来说，选用钢结构防火涂料时须遵循如下几个基本原则。

(1) 要求选用的钢结构防火涂料必须具有国家级检验中心出具的合格的检验报告，其质量应符合有关国家标准的规定。不要把饰面型防火涂料用于钢结构的防火保护上，因为它难以达到提高钢结构耐火极限的目的。

(2) 应根据钢结构的类型特点、耐火极限要求和使用环境来选择符合性能要求的防火涂料产品。室内的隐蔽部位、高层全钢结构及多层钢结构厂房，不建议使用薄型和超薄型钢结构防火涂料。

① 根据建筑部位来选用防火涂料　建筑物中的隐蔽钢结构，对涂层的外观质量要求不高，应尽量采用厚型防火涂料。裸露的钢网架、钢屋架以及屋顶承重结构，由于对装饰效果要求较高并且规范规定的耐火极限要求在1.5h及以下时，可以优先选择超薄型钢结构防火涂料；但在耐火极限要求为2.0h以上时，应慎用超薄型钢结构防火涂料。

② 根据工程的重要性来选用防火涂料　对于重点工程如核能、电力、石化、化工等特殊行业的工程应主要以厚型钢结构防火涂料为主；对于民用工程如市场、办公室等工程可以主要采用薄型和超薄型钢结构防火涂料。

③ 根据钢结构的耐火极限要求来选用防火涂料　耐火极限要求超过2.5h时，应选用厚型防火涂料；耐火极限要求为1.5h以下时，可选用超薄型钢结构防火涂料。

④ 根据使用环境要求来选用防火涂料　露天钢结构要受到日晒雨淋的影响，高层建筑的顶层钢结构上部安装透光板或玻璃幕墙时，涂料也会受到阳光的曝晒，因而应用环境条件

较为苛刻，此时应选用室外型钢结构防火涂料，不能把技术性能仅满足室内要求的涂料用于这些部位的钢构件的防火保护上。

3.2.3 钢结构防火涂料的施工

3.2.3.1 通用要求

钢结构防火涂料作为初级产品，必须通过进入市场被选用，并通过施工人员将其涂装在钢构件表面且成型以后，才算是完成了钢结构防火涂料生产的全过程。防火涂料的施工过程即是它的二次生产过程，如果施工不当最终也会影响涂料工程的质量。

总体来说，钢结构防火喷涂施工已经成为一种新技术，从施工到验收都已经制订了严格的标准。根据国内外的成功经验来看，钢结构防火喷涂施工应由经过培训合格的专业单位进行组织，或者由专业技术人员在施工现场直接指导施工为好。

对于防火涂料的专业生产及施工单位还应注意以下几方面的问题。

（1）基材的前处理　在喷涂施工前需严格按照工艺要求进行构件的检查，清除尘埃、铁屑、铁锈、油脂以及其他各种妨碍黏附的物质，并做好基材的防锈处理。而且要在钢结构安装就位、与其相连的吊杆、马道、管架等相关联的构件也全部安装完毕并且验收合格以后，才能进行防火涂料的喷涂施工。若不按顺序提前施工，既会影响与钢结构相连的吊杆、马道、管架等构件的安装过程，又不便于钢结构工程的质量验收，而且施涂的防火涂层还会被损坏，留下缺陷，成为火灾中的薄弱环节，最终将影响钢结构的耐火极限。

（2）涂装工艺　施涂防火涂料应在室内装修之前和不被后续工程所损坏的条件下进行。既要求施涂时不能影响和损坏其他工程，又要求施涂的防火涂层不要被其他工程所污染和损坏。若在施工时与其他工程项目的施工同时进行，被破坏的现象就会较为严重，将造成大量材料的浪费。若室内钢构件在建筑物未做顶棚时就开始施工，遇上雨淋或长时间曝晒时，涂层将会剥落或被污染损坏，这样不仅浪费材料，而且还会给涂层留下缺陷，因此应在结构封顶后再进行涂料的施工。

实际上，不同厂家的防火涂料在其应用技术说明中都规定了施工工艺条件以及施工过程中和涂层干燥固化前的环境条件。例如，施工过程中和涂层干燥固化前的环境温度宜保持在5～38℃，相对湿度不宜大于90%，空气应流通。若温度太低或湿度太大，或风速较大，或雨天和构件表面有结露时都不宜作业。这些规定都是为了确保涂层质量而制订的，应严格执行。此外，还应强调的是在涂料施工过程中，必须在前一遍涂层基本干燥固化以后，再进行后一遍的施工。涂料的保护方式、施工遍数以及保护层厚度均应根据施工设计要求确定。一般来讲，每一遍的涂覆厚度应适中，不宜过厚，以免影响干燥后涂层的质量。

总之，为了保证涂层的防火性能，应严格按照涂装工艺要求进行施工，切忌为抢工期而给建筑留下安全隐患。

（3）涂层维护　钢结构防火保护涂层施工验收合格以后，还应注意维护管理，避免遭受其他操作或意外的冲击、磨损、雨淋、污染等损害，否则将会使局部或全部涂层形成缺陷从而降低涂层整体的性能。

3.2.3.2 厚涂型钢结构防火涂料

（1）厚涂型钢结构防火涂料宜采用压送式喷涂机喷涂，空气压力为0.4～0.6MPa，喷枪口直径宜为6～10mm。

（2）配料时应严格按配合比加料或加稀释剂，并使稠度适宜，边配边用。

（3）喷涂施工应分遍完成，每遍喷涂厚度宜为5～10mm，必须在前一遍基本干燥或固化后，再喷涂后一遍。喷涂保护方式、喷涂遍数与涂层厚度应根据施工设计要求确定。

(4) 施工过程中，操作者应采用测厚针检测涂层厚度，直到符合设计规定的厚度，方可停止喷涂。

(5) 喷涂后的涂层，应剔除乳突，确保均匀平整。

(6) 当防火涂层出现下列情况之一时，应重喷

① 涂层干燥固化不好，黏结不牢或粉化、空鼓、脱落时。

② 钢结构的接头、转角处的涂层有明显凹陷时。

③ 涂层表面有浮浆或裂缝宽度大于 1.0mm 时。

④ 涂层厚度小于设计规定厚度的 85%时，或涂层厚度虽大于设计规定厚度的 85%，但未达到规定厚度的涂层之连续面积的长度超过 1m 时。

3.2.3.3 薄涂型钢结构防火涂料

(1) 薄涂型钢结构防火涂料的底涂层（或主涂层） 宜采用重力式喷枪喷涂，其压力约为 0.4MPa。局部修补和小面积施工，可用手工抹涂。面层装饰涂料可刚涂、喷涂或滚涂。

(2) 双组分装的涂料 应按说明书规定在现场调配；单组分装的涂料也应充分搅拌。喷涂后，不应发生流淌和下坠。

(3) 底涂层施工应满足下列要求

① 当钢基材表面除锈和防锈处理符合要求，尘土等杂物清除干净后方可施工。

② 底层一般喷 2～3 遍，每遍喷涂厚度不应超过 2.5mm，必须在前一遍干燥后，再喷涂后一遍。

③ 喷涂时应确保涂层完全闭合，轮廓清晰。

④ 操作者要携带测厚针检测涂层厚度，并确保喷涂达到设计规定的厚度。

⑤ 当设计要求涂层表面要平整光滑时，应对最后一遍涂层做抹平处理，确保外表面均匀平整。

(4) 面涂层施工应满足下列要求

① 当底层厚度符合设计规定，并基本干燥后，方可施工面层。

② 面层一般涂饰 1～2 次，并应全部覆盖底层。涂料用量为 0.5～1kg/m^2。

③ 面层应颜色均匀，接槎平整。

3.2.3.4 超薄型钢结构防火涂料

(1) 基层要求 清除铁锈及油污，保证涂料与基材的黏结性。

(2) 环境要求 施工环境温度为 10～30℃，相对湿度<85%。

(3) 施工 施涂前，涂料应用手持式自动搅拌机搅拌均匀。若涂料分为多层，其施工顺序应为：喷涂（刷涂）底涂料—喷涂中涂料—刷涂面涂料。并且应注意在底涂、中涂施工时，每道涂层的厚度应控制在 0.5mm 以下，前道涂层干燥后方可进行后道施工，直至涂到设计的厚度为止。若要求涂层表面平整，可对最后一道做压光处理。然后再进行面涂施工，面涂的施工采用羊毛辊刷或涂料刷子，涂刷两道。若涂料仅有一层，则应喷涂或刷涂至要求的厚度，注意两道施工之间的时间间隔应能保证涂层很好地干燥。

3.2.3.5 钢结构防火涂料的施工验收

钢结构防火保护工程完工并且涂层完全干燥固化以后方能进行工程验收。

(1) 厚型钢结构防火涂料

① 涂层厚度符合设计要求。

② 涂层应完整，不应有露底、漏涂。

③ 涂层不宜出现裂缝。如有个别裂缝，则每一构件上裂纹不应超过 3 条，其宽度不应大于 1mm，长度不应大于 1m。

④ 涂层与钢基材之间、各道涂层之间应粘接牢固，无空鼓、脱层和松散等现象存在。

⑤ 涂层表面应无突起。有外观要求的部位，母线不直度和失圆度允许偏差不应大于 8mm。

(2) 薄型钢结构防火涂料

① 涂层厚度符合设计要求。

② 涂层应完整，无漏涂、脱粉、明显裂缝等缺陷。如有个别裂缝，则每一构件上裂纹不应超过 3 条，其宽度应不大于 0.5mm。

③ 涂层与钢基材之间以及各道涂层之间应粘接牢固，无脱层、空鼓等现象。

④ 颜色与外观应符合设计规定，轮廓清晰、接搓平整。

(3) 超薄型钢结构防火涂料

① 涂层厚度符合设计要求。

② 涂层应完整，无漏涂、脱粉、龟裂。

③ 涂层与钢结构之间、各涂层之间应粘接牢固，无脱层、空鼓。

④ 颜色与外观应符合设计规定，涂层平整，有一定的装饰效果。

3.3 混凝土结构防火涂料

3.3.1 混凝土结构防火涂料性能

(1) 一般要求

① 涂料中不应掺加石棉等对人体有害的物质。

② 涂料可用喷涂、抹涂、辊涂、刮涂和刷涂等方法中任何一种或多种方法施工，并能在自然环境条件下干燥固化。

③ 涂层实干后不应有刺激性气味。

(2) 技术要求

① 防火堤防火涂料的技术要求　应符合表 3-8 的规定。

表 3-8　防火堤防火涂料的技术要求

序号	检验项目	技术指标	缺陷分类
1	在容器中的状态	经搅拌后呈均匀稠厚流体，无结块	C
2	干燥时间(表干)/h	≤24	C
3	黏结强度/MPa	≥0.15(冻融前)	A
		≥0.15(冻融后)	
4	抗压/MPa	≥1.50(冻融前)	B
		≥1.50(冻融后)	
5	干密度/(kg/m^3)	≤700	C
6	耐水性/h	≥720，试验后，涂层不开裂、起层、脱落，允许轻微发胀和变色	A
7	耐酸性/h	≥360，试验后，涂层不开裂、起层、脱落，允许轻微发胀和变色	B
8	耐碱性/h	≥360，试验后，涂层不开裂、起层、脱落，允许轻微发胀和变色	B

续表

序号	检验项目	技术指标	缺陷分类
9	耐曝热性/h	≥720,试验后,涂层不开裂、起层、脱落,允许轻微发胀和变色	B
10	耐湿热性/h	≥720,试验后,涂层不开裂、起层、脱落,允许轻微发胀和变色	B
11	耐冻融循环试验/次	≥15,试验后,涂层不开裂、起层、脱落,允许轻微发胀和变色	B
12	耐盐雾腐蚀性/次	≥30,试验后,涂层不开裂、起层、脱落,允许轻微发胀和变色	B
13	产烟毒性	不低于《材料产烟毒性危险分级》(GB/T 20285—2006)规定材料产烟毒性危险分级 ZA_1 级	B
14	耐火性能/h	≥2.00(标准升温)	A
		≥2.00(HC 升温)	
		≥2.00(石油化工升温)	

注:1. A 为致命缺陷,B 为严重缺陷,C 为轻缺陷。
2. 型式检验时,可选择一种升温条件进行耐火性能的检验和判定。

② 隧道防火涂料的技术要求　应符合表 3-9 的规定。

表 3-9　隧道防火涂料的技术要求

序号	检验项目	技术指标	缺陷分类
1	在容器中的状态	经搅拌后呈均匀稠厚流体,无结块	C
2	干燥时间(表干)/h	≤24	C
3	黏结强度/MPa	≥0.15(冻融前)	A
		≥0.15(冻融后)	
4	干密度/(kg/m^3)	≤700	C
5	耐水性/h	≥720,试验后,涂层不开裂、起层、脱落,允许轻微发胀和变色	A
6	耐酸性/h	≥360,试验后,涂层不开裂、起层、脱落,允许轻微发胀和变色	B
7	耐碱性/h	≥360,试验后,涂层不开裂、起层、脱落,允许轻微发胀和变色	B
8	耐湿热性/h	≥720,试验后,涂层不开裂、起层、脱落,允许轻微发胀和变色	B
9	耐冻融循环试验/次	≥15,试验后,涂层不开裂、起层、脱落,允许轻微发胀和变色	B
10	产烟毒性	不低于《材料产烟毒性危险分级》(GB/T 20285—2006)规定材料产烟毒性危险分级 ZA_1 级	B
11	耐火性能/h	≥2.00(标准升温)	A
		≥2.00(HC 升温)	
		升温≥1.50,降温≥1.83(RABT 升温)	

注:1. A 为致命缺陷,B 为严重缺陷,C 为轻缺陷。
2. 型式检验时,可选择一种升温条件进行耐火性能的检验和判定。

3.3.2　混凝土结构防火涂料的施工

(1) 混凝土构件防火涂料的一般施工要求

① 根据建筑物的耐火等级、混凝土结构构件需要达到的耐火极限要求和外观装饰性要求，来选用适宜的防火涂料，确定防火涂层的厚度与外观颜色。

② 应在混凝土结构构件吊装就位，缝隙用水泥砂浆填补抹平，经验收合格并在防水工程完工之后，再对混凝土构件进行防火保护施工。

③ 施工应在建筑物内装修之前和不被后续工序所损坏的条件下进行。对不需作防火保护的门窗、墙面及其他物件，应进行遮挡保护。

④ 施工过程中和涂层干燥固化前，环境温度宜保持在5～38℃（以10℃以上为佳），相对湿度小于90%，风速不应大于5m/s。

（2）具体操作

① 喷涂前，应将防火涂料按照产品说明书的要求调配并搅拌均匀，使涂料的黏度和稠度适宜，颜色均匀一致。

② 采用喷涂工艺进行施工。可用压挤式灰浆泵、口径为2～8mm的斗式喷枪进行喷涂，调整气泵的压力为0.4～0.6MPa，喷嘴与待喷面的距离约为50cm。

③ 喷涂宜分遍成活。喷涂底层涂料时，每遍喷涂的厚度宜为1.5～2.5mm，喷涂1～2遍。喷涂中间层涂料时，必须在前一遍涂层基本干燥后再进行下一遍喷涂。喷涂面层涂料时，应在中间层涂料的厚度达到设计要求并基本干燥后进行，并应全部覆盖住中间层涂料。若涂料为单一配方，则应分遍喷涂至规定的厚度，喷涂第一遍涂料时基本盖底即可，待涂层表干后再喷第二遍。所得涂层要均匀，外观应美观。

④ 在室内混凝土结构上喷涂时，喷涂后可用抹子抹平或用花辊子辊平，也可在涂层表面使用不影响涂料粘接性能的其他装饰材料。

（3）验收　混凝土结构防火保护工程施工完毕，并且涂层完全干燥固化后方能进行工程验收。验收要求一般为：

① 涂层厚度达到防火设计要求规定的厚度。

② 涂层完整，不出现露底、漏涂和明显的裂纹。

③ 涂层与混凝土结构之间、各层涂料之间应粘接牢固，没有空鼓、脱层和松散现象存在。

④ 涂层基本平整，无明显突起，颜色均匀一致。

3.4 饰面型防火涂料

3.4.1 饰面型防火涂料的技术性能

国家标准《饰面型防火涂料》（GB 12441—2005）对饰面型防火涂料的技术要求见表3-10。

表3-10　饰面型防火涂料技术指标

序号	项目		技术指标	缺陷类别
1	在容器中的状态		无结块，搅拌后呈均匀状态	C
2	细度/μm		≤90	C
3	干燥时间	表干/h	≤5	C
		实干/h	≤24	
4	附着力/级		≤3	A
5	柔韧性/mm		≤3	B

续表

序号	项目	技术指标	缺陷类别
6	耐冲击性/cm	≥20	B
7	耐水性	经24h试验，不起皱、剥落，起泡在标准状态下24h能基本恢复，允许轻微失光和变色	B
8	耐湿热性	经48h试验，涂膜无起泡、脱落，允许轻微失光和变色	B
9	耐燃时间/min	≥15	A
10	火焰传播比值	≤25	A
11	质量损失/g	≤5.0	A
12	炭化体积/cm^3	≤25	A

除此之外还有如下规定：

① 不宜用有害人体健康的原料和溶剂。

② 饰面型防火涂料的颜色可根据《漆膜颜色标准》（GB/T 3181—2008）的规定，也可由制造者与用户协商确定。

③ 饰面型防火涂料可用刷涂、喷涂、辊涂和刮涂中任何一种或多种方法方便地施工，能在通常自然环境条件下干燥、固化。成膜后表面无明显凹凸或条痕，没有脱粉、气泡、龟裂、斑点等现象，能形成平整的饰面。

3.4.2 饰面型防火涂料的施工

饰面型防火涂料的施工对象是建筑物中的木材、纤维板、胶合板、玻璃钢、石膏板、化学建材（塑料、橡胶、化学纤维、涂料等）易燃基材表面，具有防火保护和装饰双重功能。饰面型防火涂料的施工方法通常有刷涂、喷涂、浸涂、辊涂等。

（1）基材的表面处理　与普通涂料的施工类似，为了得到性能优异的涂膜，饰面型防火涂料在施工前也应对被涂基材表面进行处理。木材、纤维板等材料的表面往往会有洞眼、缝隙和凹坑不平处，应用防火涂料或其他防火材料填补堵平，并将尘土、浮尘、污物彻底清除。

① 木材的表面处理　木材须先进行干燥处理，含水量一般不能高于10%。表面的洞眼、缝隙和凹坑先用腻子修补填平。干燥后用2号木砂纸打磨，打磨时应用力均匀。打磨完毕后用抹布擦净木屑等杂质，再用0号木砂纸打磨一遍。擦去木屑和浮尘后，用乙醇等有机溶剂全面擦拭一遍，以去除木材中的油脂。最后用干布擦拭清洁。

② 高分子材料的表面处理　塑料、橡胶、涂料、玻璃钢等高分子材料的表面通常十分光滑，极性很小，涂装涂料较为困难。对它们的表面进行防火涂料施工时，应根据质量要求，先做有针对性的表面处理。

常用的方法是：首先使用卤代烃类溶剂（如氯仿、二氯乙烷等），以清除脱模剂、机油和其他污染杂质。然后用细砂纸打磨使其表面略显粗糙，以提高表面的机械附着力。另外也可借机打磨掉表面部分凸出的疤痕。

对部分较光滑、硬质的表面，也可用含有少量环己酮、醋酸丁酯等溶剂的水乳液来软化表面，以增强附着力。

③ 纤维材料的表面处理　织物、皮革、纸张及其他具有纤维结构的材料，由于表面为多孔性材料，防火涂料中的水分或溶剂较容易渗透到纤维中去，造成涂料的干燥速度太快，影响其附着力。此外，表面的油脂、污染物等也会影响涂料的黏附能力，因此，可先用乙醇等溶剂擦拭材料表面，干燥后，根据需要可先刮一层与防火涂料配套的腻子，然后再涂刷涂料，可防止涂料的脱落。

(2) 溶剂型饰面防火涂料的施工　溶剂型防火涂料的溶剂属易燃品，生产及施工过程中应注意防火安全。施工现场应严禁明火。另外，涂料中的溶剂对人体有害，因此施工现场应空气流通良好。

溶剂型饰面防火涂料的施工适宜环境温度一般为−5～40℃，相对湿度小于90%。基材表面有结露时不能施工。

溶剂型饰面防火涂料的施工一般应遵循少量多次的原则。每次涂刷厚度以不超过0.5mm为宜，并且必须在前一遍涂层完全干燥后再涂刷后一遍。

溶剂型饰面防火涂料的施工一般采用机具喷涂，辅以手工操作。特殊情况下也可采用刷涂或辊涂。

施工好的涂料，涂层不能有空鼓、开裂、脱落等现象。

(3) 水性饰面防火涂料的施工　水性饰面防火涂料的适宜施工环境条件一般为：环境温度5～40℃，相对湿度≤85%。基材表面有结露时不能施工。施工好的涂料在未完全固化前不能受到雨淋，不能受到雾水和表面结露的影响。

水性饰面防火涂料使用前应充分搅匀。如涂料太稠。可加入适量的自来水进行稀释，调整黏度到便于施工，以不发生涂料流淌和下坠为宜。一般加水量不宜超过20%。采用喷涂或浸涂时，涂料的黏度可比刷涂时稍低一些。

水性饰面防火涂料的施工也应遵循少量多次的原则。每次涂刷厚度以不超过0.5mm为宜，必须在前一遍完全干燥后再涂刷后一遍。

水性饰面防火涂料的施工一般采用机具喷涂，辅以手工操作。特殊情况下也可采用刷涂或辊涂。施工时严禁混入有机溶剂或溶剂型涂料。

施工好的涂料，涂层不能有空鼓、开裂、脱落等现象。

(4) 透明饰面防火涂料的施工　透明饰面防火涂料以涂刷在木材表面为主，对装饰性要求一般较高，因此其施工要求一般也较高。除了对上述溶剂型和水性饰面防火涂料同样的施工要求外，透明防火涂料在每一遍涂刷后，应用细砂纸全面打磨，除去不平整和其他缺陷。打磨后用干布擦拭干净后再涂下一遍。

透明饰面防火涂料的施工一般以手工操作为主。特殊情况下也可采用喷涂或辊涂。施工应遵循少量多次的原则。每次涂刷尽可能薄，并且必须在前一遍完全干燥后再涂刷后一遍。

施工好的涂料，涂层不能有空鼓、开裂、脱落、皱皮、起泡等现象。

3.5 电缆防火涂料

3.5.1 电缆防火涂料的技术性能

(1) 一般要求

① 电缆防火涂料的颜色执行《漆膜颜色标准》(GB/T 3181—2008) 的规定，也可按用

户要求协商确定。

② 电缆防火涂料可采用刷涂或喷涂方法施工。在通常自然环境条件下干燥、固化成膜后，涂层表面应无明显凹凸。涂层实干后，应无刺激性气味。

(2) 性能指标　电缆防火涂料各项技术性能指标应符合表3-11的规定。

表3-11　电缆防火涂料技术性能指标

序号	项目		技术性能指标	缺陷类别
1	在容器的状态		无结块，搅拌后呈均匀状态	C
2	细度/μm		≤90	C
3	黏度/s		≥70	C
4	干燥时间	表干/h	≤5	C
		实干/h	≤24	
5	耐油性		浸泡7d，涂层无起皱、剥落、起泡	B
6	耐盐水性		浸泡7d，涂层无起皱、剥落、起泡	B
7	耐湿热性		经过7d试验，涂层无起皱、剥落、起泡	B
8	耐冻融循环		经15次循环，涂层无起皱、剥落、起泡	B
9	抗弯性		涂层无起皱、脱落、剥落	A
10	阻燃性/m		炭化高度≤2.50	A

注：A为致命缺陷，B为严重缺陷，C为轻缺陷。

3.5.2　电缆防火涂料的施工

电缆防火涂料的施工对象为橡胶、塑料类高分子材料。这类材料的特点是大多数具有高弹性，表面的极性较小，与涂层的结合力较低。另外，电缆在使用中经常会弯曲、伸缩。因此电缆防火涂料的性能和施工操作均应适应这些特点。

(1) 基材的表面处理　电缆绝缘层材料差别很大，因此防火涂料施工前的表面处理方法也需要区别对待。

以橡胶为绝缘层的电缆，其表面经常沾有微量的石蜡或矿物油脂等物质，对涂刷后的涂层附着力有较大的影响。施工前应先将电缆表面处理干净。一般采用少量溶剂擦拭或用浸渍液处理。再用砂纸打毛。对以天然橡胶、乙丙橡胶等烯烃类橡胶制备的电缆表面，可用含有少量环己酮、醋酸丁酯等溶剂的水乳液来软化表面，以增强附着力。

以聚乙烯塑料为绝缘层的涂料，表面通常十分光滑，极性很小，涂装涂料较为困难。对它们的表面进行防火涂料施工时，应首先用卤代烃类溶剂（如氯仿、二氯乙烷等）清除脱模剂、机油和其他污染杂质。然后用细砂纸打磨使其表面略显粗糙，以提高表面的机械附着力。也可用含有少量环己酮、醋酸丁酯等溶剂的水乳液来软化表面，以增强附着力。

聚氯乙烯绝缘层的极性较大，采用氯化橡胶、过氯乙烯树脂类电缆防火涂料涂刷时有较好的附着力，因此表面处理比较简单。采用丙酮类溶剂进行表面清洗，适当打磨后即可施工。

其他类型的电缆可根据其材料的特点，参照以上方法进行。

(2) 电缆防火涂料的施工　在进行电缆防火涂料施工前，应充分搅匀。必要时应调整防火涂料黏度。若防火涂料太稠，可在涂料中加入适量的稀释剂进行稀释，调整到规定的施工黏度，以施工时不发生流淌和下坠现象为宜。采用的稀释剂应严格按照说明书规定添加。随意改变稀释剂品种或用量都将可能导致涂料性能的下降。

电缆防火涂料一般可采用喷涂、浸涂、辊涂或刷涂等工艺。采用喷涂或浸涂工艺时，涂料的黏度应比辊涂和刷涂时的低一些。

电缆防火涂料的干膜厚度一般应不低于1mm。实践证明，分次涂刷形成的涂层的防火性能优于一次涂刷形成的涂层。因此应分多次涂刷，一般每次涂层厚度在0.2mm左右。根据涂料特点每隔6～8h涂刷一次。涂刷后一道涂层时，必须待前道涂层表干后才能进行。电缆接头处或电缆直径大于100mm时，涂刷涂料之前应先包扎1～2层玻璃布再施涂料，涂层厚度不得小于1mm。涂刷电缆桥架、电缆槽盒及其他无承重的金属构件时，应先将表面适当打磨，并处理干净再行施工。涂刷厚度一般情况下不得小于1mm。

电缆防火涂料的施工环境对涂层的性能有很大的影响。一般要求涂装场所环境条件良好，无日光直晒，温度和湿度合适，通风良好，风速适宜。电缆表面有水分、结露时不能施工。施工好的涂料在未完全固化前不能受到雨淋、雾水和表面结露的影响。

电缆防火涂料大部分为溶剂型涂料，易燃易爆，且对人体有害，因此施工过程中应注意防火安全及施工人员的健康保护措施。施工应在通风良好的环境条件下进行，施工过程应严禁明火。

3.6 防火涂料在建筑中的应用

随着钢结构技术的发展，钢结构建筑已逐渐成为众多现代城市建筑的主流。防火材料在钢结构上的应用也显得日益重要。钢结构防火涂料能够起到防火作用，主要有三个方面的原因：一是涂层对钢材起屏蔽作用，隔离了火焰。使钢构件不至于直接暴露在火焰或高温之中；二是涂层吸热后，部分物质分解出水蒸气或其他不燃气体，起到消耗热量，降低火焰温度和燃烧速度，稀释氧气的作用；三是涂层本身多孔轻质或受热膨胀后形成炭化泡沫层，阻止了热量迅速向钢材传递，推迟了钢材受热温升到极限温度的时间，从而提高了钢结构的耐火极限。

(1) 防火材料　建筑防火是消防科学技术的一个重要领域，而防火涂料又是防火建筑材料中的重要组成部分。防火涂料是指涂装在物体表面，可防止火灾发生，阻止火势蔓延传播或隔离火源，延长基材着火时间或增加绝热性能以推迟结构破坏时间的一类涂料。钢结构作为高层建筑结构的一种形式，以其强度高、质量轻，并有良好的延伸性、抗震性和施工周期短等特点，在建筑业中得到广泛应用，尤其在超高层及大跨度建筑等方面显示出强大的生命力。截至1990年年底，世界上高200m以上的100栋，超高层建筑中钢结构占了79%。随着国际间技术交流与合作的加强，钢结构应用技术在我国得到了蓬勃发展，商层和超高层建筑迅速增长。钢结构防火涂料刷涂或喷涂在钢结构表面。起防火隔热作用，防止钢材在火灾中迅速升温而降低强度，避免钢结构失去支撑能力而导致建筑物垮塌。

(2) 厚型钢结构防火涂料　厚涂型钢结构防火涂料是指涂层厚度在8～50mm的涂料，这类防火涂料的耐火极限可达0.5～3h。在火灾中涂层不膨胀，依靠材料的不燃性、低导热性或涂层中材料的吸热性，延缓钢材的升温，保护钢件。这类钢结构防火涂料采用合适的黏结剂，再配以无机轻质材料、增强材料。与其他类型的钢结构防火涂料相比，除了具有水溶性防火涂料的一些优点之外，由于它从基料到大多数添加剂都是无机物，所以成本低廉。

厚型钢结构防火涂料一般用在耐火极限22h的钢结构防火保护中，如：高层民用建筑的柱、一般工业与民用建筑中的支承多层的柱等。厚型防火涂料按使用环境来分，有室内和室外两种类型。对于石化系统及裸露钢结构等的防火保护，均需选择可室外应用的厚型防火涂料；对于一般工业厂房中的隐蔽钢结构。只需选择室内型产品；也可选择性能较好的既可室外使用也可用于室内保护的厚型产品，以提高钢结构的安全性。

(3) 薄型钢结构防火涂料　涂层厚度在3～7mm的钢结构防火涂料称为薄涂型钢结构防火涂料。该类涂料受火时能膨胀发泡，以膨胀发泡所形成的耐火隔热层延缓钢材的升温，保护钢构件。这类钢结构涂料一般是用合适的乳胶聚合物作基料，再配以阻燃剂、添加剂等组成。对这类防火涂料，要求选用的乳液聚合物必须对钢基材具有良好附着力、耐久性和耐水性。常用作这类防火涂料基料的乳液聚合物有苯乙烯改性的丙烯酸乳液、聚醋酸乙烯乳液、偏氯乙烯乳液等。对于用水性乳液作基料的防火涂料，阻燃添加剂、颜料及填料是分散到水中的，因而水实际上起分散载体的作用，为了使粒状的各种添加剂能更好地分散，还加入分散剂，如常用的六偏磷酸钠等。该类钢结构防火涂料在生产过程中一般都分为3步：第一步先将各种阻燃添加剂分散在水中，然后研磨成规定细度的浆料；第二步再用基料（乳液）进行配漆；第三步在浆料中配以无机轻质材料、增强材料等搅拌均匀。该涂料一般分为底层（隔热层）和面层（装饰层），其装饰性比厚涂型好，施工采用喷涂，一般使用在耐火极限要求不超过2h的建筑钢结构上。

超薄膨胀型钢结构防火涂料，与厚涂型和薄涂型钢结构防火涂料相比，品种粒度更细、涂料层更薄，施工方便、经济，装饰性更好，在满足钢结构防火要求的同时，也能满足人们对高装饰性的要求；可广泛使用于工业厂房、体育场馆、候机楼、高层建筑等装饰要求很高的钢结构的防火保护，也适用于船舶、地下工程、电厂、机房等要求很高的设施内的木材、纤维板、塑料、电缆等易燃基材的防火保护，是目前消防部门大力推广的品种。

(4) 饰面型防火涂料　饰面型防火涂料是一种集装饰和防火为一体的新型涂料品种，当它涂覆于可燃基材上时，平时可起一定的装饰作用；一旦火灾发生时，则具有阻止火势蔓延，从而达到保护可燃基材的目的。正是因为它的这种特殊用途，所以国外工业发达国家早在20世纪20年代就出现了防火涂料。

(5) 电缆防火涂料　我国电缆防火涂料产品的研制始于20世纪70年代末至80年代初，它是在饰面型防火涂料的基础上结合自身要求发展起来的，其理化性能及耐候性能较好，涂层较薄，遇火能生成均匀致密的海绵状泡沫隔热层，有显著的隔热防火效果，从而达到保护电缆、阻止火焰蔓延、防止火灾的发生和发展的目的。电缆防火涂料作为电缆防火保护的一种重要产品，通过近20年的应用，对减少电缆火灾损失、保护人民财产安全起了积极作用，其应用也从不规范到规范。

(6) 预应力混凝土楼板防火涂料　预应力混凝土空心板广泛用于现代建筑物中作为承重的楼板，由于它的耐火性差，成为贯彻建筑设计防火规范的一个难题。为了提高预应力楼板的耐火极限，人们首先采取了增加钢筋混凝土保护层厚度的办法，但效果不很明显，反而增加了楼板的质量并占用了有效空间，借鉴钢结构防火涂料用于保护钢结构的原理，我国从20世纪80年代中期起，逐步研究和生产预应力混凝土楼板防火涂料，较广泛地用于保护预应力楼板，喷涂在预应力楼板配筋一面，遭遇火时，涂层有效地阻隔火焰和热量，降低热量向混凝土及其内部预应力钢筋的传递速度，以推迟其升温的时间，从而提高预应力楼板的耐火极限，达到防火保护的目的。

随着我国城镇建设开发力度的进一步加大，钢结构因其钢性和塑性都比较优良，将被广泛应用在建筑中。因此，必须进一步深入研究钢结构防火涂料性能，根据不同需要、不同功能，提高钢结构耐火极限，增强建筑物抗御火灾能力，确保国家和人民群众生命财产安全。

建筑防火封堵材料及应用

4.1 无机防火堵料

无机防火堵料，又称速固型防火堵料或防火封灌料。通常以快干水泥为基料，再添加防火剂、耐火材料等原料经研磨、混合而制成，使用时在现场加水调制。该类堵料不仅能达到所需的耐火极限，而且还具有相当高的机械强度，与楼层水泥板的硬度相差无几。无机防火堵料的防火效果显著、灌注方便，在常温下即可迅速固化，从而有效地填塞各种孔隙，而且使用寿命较长。它对管道或电线电缆的贯穿孔洞，尤其是较大的孔洞、楼层间孔洞的封堵效果较好，还特别适用于细小孔隙的防火封堵。

目前，无机防火堵料已广泛应用于电气、仪表、电子、通信、建筑等诸多领域中。

4.1.1 防火机理

无机防火堵料属于不燃性材料，在高温和火焰的作用下，可以形成一层坚硬致密的保护层，但堵料的体积基本上不发生变化。该保护层的热导率较低，具有良好的防火隔热作用。另外，堵料中的某些组分遇到火的作用时产生（或通过相互反应生成）不燃性气体的吸热反应过程，还可以降低整个体系的温度。由于无机防火堵料的防火隔热效果显著，能封堵各种开口、孔洞和缝隙，阻止火焰和有毒气体以及浓烟的扩散，因而具有很好的防火密封效果。

4.1.2 技术指标

无机防火堵料的技术指标要求见表 4-1。

表 4-1　无机防火堵料的技术指标

项　目	技术指标
外观	粉末状固体，无结块
表观密度/(kg/m³)	$\leqslant 2.0\times10^{3}$
初凝时间/min	$10\leqslant t\leqslant 45$
抗压强度/MPa	$0.8\leqslant R\leqslant 6.5$
腐蚀性/d	≥7，不应出现锈蚀、腐蚀现象
耐水性/d	≥3，不溶胀、开裂
耐油性/d	≥3，不溶胀、开裂

续表

项　目		技术指标
耐湿热性/h		≥120，不开裂、粉化
耐冻融循环/次		≥15，不开裂、粉化
耐火性能	1h	耐火隔热性时间≥1.00h，且耐火完整性时间≥1.00h
	2h	耐火隔热性时间≥2.00h，且耐火完整性时间≥2.00h
	3h	耐火隔热性时间≥3.00h，且耐火完整性时间≥3.00h

4.1.3 施工工艺

无机防火堵料进行孔洞封堵时的应用工艺如下。

① 施工前，应根据孔洞的大小估算堵料的用量（每千克堵料可封堵体积大小约为650cm^2的孔洞）。

② 为了便于施工，可用托架及托板将电缆通道分隔好，并清除掉电缆表面的杂质和油污。

③ 按比例将定量的水倒入搅拌机中，在搅拌的情况下缓慢地加入堵料，待搅拌成均匀的堵料浆后立即使用。配好的料浆应尽快用完，以免固化（一般1kg堵料需加0.5～0.6kg水）。

④ 将配好的料浆注入托架、托板组成的间隙中，以便封堵住电缆孔洞。

⑤ 封堵较大的孔洞时，可加适量的钢筋以提高堵料层的强度。

4.2 有机防火堵料

有机防火堵料是以有机树脂为黏结剂，再添加防火剂、填料等原料经碾压而成的。有机防火堵料除了具有优异的耐火性能以外，还具有优异的理化性能，并且可塑性好，长久不固化，能够重复使用。在高温或火焰的作用下它能够迅速膨胀凝结为坚硬的固体，即使完全炭化后也能保持外形不变。由于有机防火堵料受热后会发生膨胀以有效地堵塞洞口，因此封堵时可以留有一定的缝隙而不必完全封堵得很严密，这样有利于电缆等贯穿物的散热。

有机防火堵料已经广泛应用于发电厂、变电所、供电隧道、冶金、石油、化工、民用建筑等各类建筑工程中的贯穿孔洞的防火封堵。但在多根电缆集束敷设和层状敷设的场合，这种堵料很难完全堵塞住电缆贯穿部分的孔隙，需与无机防火堵料配合使用。

4.2.1 防火机理

有机防火堵料在高温和火焰的作用下首先会发生体积膨胀而后固化，形成一层坚硬致密的釉状保护层。由于堵料的体积膨胀和釉状层的形成过程都是吸热反应过程，因而可以消耗大量的热量，有利于整个体系温度的降低。膨胀所形成的釉状保护层具有较好的隔热性能，可以起到良好的阻火、堵烟和隔热的作用。

4.2.2 技术指标

有机防火堵料的技术指标要求见表4-2。

表 4-2 有机防火堵料的技术指标

<table>
<tr><th colspan="2">项 目</th><th>技术指标</th></tr>
<tr><td colspan="2">外观</td><td>胶泥状物体</td></tr>
<tr><td colspan="2">表观密度/(kg/m³)</td><td>≤2.0×10³</td></tr>
<tr><td colspan="2">腐蚀性/d</td><td>≥7,不应出现锈蚀、腐蚀现象</td></tr>
<tr><td colspan="2">耐水性/d</td><td>≥3,不溶胀、开裂</td></tr>
<tr><td colspan="2">耐油性/d</td><td>≥3,不溶胀、开裂</td></tr>
<tr><td colspan="2">耐湿热性/h</td><td>≥120,不开裂、粉化</td></tr>
<tr><td colspan="2">耐冻融循环/次</td><td>≥15,不开裂、粉化</td></tr>
<tr><td rowspan="3">耐火性能</td><td>1h</td><td>耐火隔热性时间≥1.00h,且耐火完整性时间≥1.00h</td></tr>
<tr><td>2h</td><td>耐火隔热性时间≥2.00h,且耐火完整性时间≥2.00h</td></tr>
<tr><td>3h</td><td>耐火隔热性时间≥3.00h,且耐火完整性时间≥3.00h</td></tr>
</table>

4.2.3 施工工艺

有机防火堵料进行孔洞封堵时的应用工艺如下：

① 施工前，首先清除干净电缆表面的尘土和油污。当使用溶剂清除油污时，应注意工程现场的防火安全。

② 将电缆束穿过孔洞，用堵料均匀地分隔并粘贴电缆，然后用堵料填塞电缆之间、电缆与墙壁之间的孔隙。堵料的填塞厚度应与孔洞的深度一致。

③ 当气温过低，堵料较硬不便施工时，可事先将堵料置于20℃左右的室内预热或适当拉伸捏揉，待堵料变软后再进行施工。

④ 在封堵通风管道穿过墙壁留下的孔洞时，先将堵料铺贴于通风管道连接处的密封表面，然后再连接通风管道完成装配。

4.3 阻火圈

阻火圈是由金属等材料制作的壳体和阻燃膨胀芯材组成的一种套圈。使用时将阻火圈套在相应规格的塑料管道外壁，并用螺钉固定在墙体或楼板面上，它主要适用于各类塑料管道穿过墙体和楼板时所形成的孔洞的防火封堵。在火灾发生时，阻火圈内的阻燃膨胀芯材受热后迅速膨胀，并挤压管道使之封堵，以阻止火势沿管道的蔓延。

4.3.1 防火机理

阻火圈的防火机理是：当火灾发生时，阻火圈内的芯材受火后急速膨胀，形成具有一定强度的炭化层，并向内挤压软化或炭化的管材，在较短的时间内就能封堵住管道软化或炭化脱落后所形成的洞口，阻止火势的蔓延。

4.3.2 技术指标

阻火圈按所用塑料管道的公称外径（mm），可分为75、110、125、160、200等系列；

按阻火圈所适用塑料管道的安装方向可分为水平（SP）和垂直（CZ）；按阻火圈的安装方式可分为明装（MZ）和暗装（AZ）；按阻火圈的耐火性能可分为极限耐火时间（h）1.00、1.50、2.00、2.50、3.00等5个等级。

（1）阻火圈的耐火性能　应符合表4-3的规定。

表4-3　阻火圈的耐火性能

检验项目	极限耐火时间/h				
耐火性能	1.00	1.50	2.00	2.50	3.00

（2）阻火圈的理化性能　应符合表4-4的规定。

表4-4　阻火圈的理化性能

序号	检验项目	技术指标			
1	外观	壳体	不应出现缺角、断裂、脱焊等现象；表面不应出现肉眼可见锈迹和锈点；有覆盖层的其覆盖层不应出现开裂、剥落或脱皮等现象		
		芯材	不应出现粉化现象		
2	尺寸/mm	壳体基材	材质		厚度
			不锈钢板		≥0.6
			其他		≥0.8
		芯材	管道公称外径	芯材厚度	芯材高度
			$R<110$	≥10	≥40
			$110\leqslant R<160$	≥13	≥48
			$R\geqslant160$	≥23	≥70
3	膨胀性能	芯材的初始膨胀体积 n 与企业公布的膨胀体积 n_0 的偏差不应大于±15%			
4	耐盐雾腐蚀性	壳体经5个周期，共120h的盐雾腐蚀试验后，其外观应无明显变化			
5	耐水性	5d试验后，芯材不溶胀、开裂、粉化，试验后测得芯材的膨胀体积与初始膨胀体积 $\bar{n}$ 的偏差不应大于±15%			
6	耐碱性				
7	耐酸性				
8	耐湿热性				
9	耐冻融循环试验	15次试验后，芯材不溶胀、开裂、粉化，试验后测得芯材的膨胀体积与初始膨胀体积 $\bar{n}$ 的偏差不应大于±15%			

4.3.3 施工工艺

在实际工程使用时，将阻火圈套在相应规格的塑料管外壁，并用螺钉将其固定在墙面和楼板上即可。

根据需要可选用明装和暗装两种安装方式。明装是把阻火圈安装在楼板下面或墙体的两侧；暗装则是把阻火圈安装在楼板或墙体内部，并和楼板下表面或墙体两面平齐。

4.4 阻火包

阻火包的外包装通常为玻璃纤维布或经过阻燃处理的织物，内部填充是在受到高温或火焰作用时能够发生化学反应迅速膨胀的复合粉状或粒状材料。包内的填充材料大多是以水性黏结剂（如聚乙烯醇改性丙烯酸乳液和苯乙烯-丙烯酸复合型乳液等）作为基料，并添加防火阻燃剂、耐火材料、膨胀轻质材料等各种原材料，经研磨、混合均匀而制成的。该产品安装施工方便，可重复拆卸使用，对环境及人体无毒无害，遇火膨胀后具有良好的阻火隔烟性能。

4.4.1 防火机理

在遇到火焰或高温的作用时，阻火包内的填充物迅速膨胀发泡，形成蜂窝状的保护层，具有很好的防火隔热效果，用于封堵各种开口、孔洞及缝隙时，能极为有效地将火灾控制在局部范围之内。

4.4.2 技术指标

阻火包的技术指标要求见表 4-5。

表 4-5 阻火包的技术指标

项目		技术指标
外观		包体完整，无破损
表观密度/(kg/m³)		≤1.2×10^3
抗跌落性		包体无破损
耐水性/d		≥3，内装材料无明显变化，包体完整，无破损
耐油性/d		≥3，内装材料无明显变化，包体完整，无破损
耐湿热性/h		≥120，内装材料无明显变化
耐冻融循环/次		≥15，内装材料无明显变化
膨胀性能/%		≥150
耐火性能	1h	耐火隔热性时间≥1.00h，且耐火完整性时间≥1.00h
	2h	耐火隔热性时间≥2.00h，且耐火完整性时间≥2.00h
	3h	耐火隔热性时间≥3.00h，且耐火完整性时间≥3.00h

4.4.3 施工工艺

采用阻火包进行孔洞封堵时的应用工艺如下。

（1）制作防火隔墙　根据电缆隧道和电缆沟的有关间距规定，在需要设置防火隔墙的地方，将阻火包垒成一个完整的墙体即可。电缆贯穿部分的缝隙，可用有机防火堵料填平。

（2）制作耐火隔层　根据电缆竖井的有关间距规定，在需要设置耐火隔层的地方，用阻火网或防火板作为支撑，然后将阻火包平铺于其中，垒制成隔层。电缆贯穿部位的缝隙，可用有机防火堵料填平。

（3）封堵大的孔洞　封堵大的孔洞时，可用阻火包平整地垒制成墙体，并和建筑物墙体平齐，在电缆贯穿部分的缝隙用有机防火填料进行填平。

阻火包在施工时可以堆砌成各种形态的墙体对大的孔洞进行封堵，还可以根据要求垒成各种形式的防火墙和防火隔热层，起到隔热阻火的作用。目前，阻火包已广泛应用于公共建筑、发电厂、变电站、工矿和地下工程中，用于对电缆隧道和电缆竖井或管道、电线电缆等穿过墙体及楼板后所形成的较大的孔洞进行封堵，并具有一定的透气性，检修更换电线电缆十分方便。施工时应注意在管道或电线、电缆表皮处配合使用有机防火堵料。

4.5 常用的防火封堵方法

4.5.1 岩棉封堵法

岩棉封堵法具有价格低廉、封堵简单、增加的建筑荷载小等优点，耐火性能也很好，但是无法对电缆束孔隙进行严密的封堵，纤维间的孔隙也无法封堵。其结果是火灾发生时，虽然具有明显的阻火作用，但由孔隙透过来的烟气仍足以使人窒息。此外，在施工过程中存在的短纤维对人体也是有害的。

4.5.2 水泥灌注法

对于竖井，早期人们曾用水泥灌注法进行封堵，但是固化后的封堵层在火灾发生后会产生爆裂现象，致使封堵失效。就封堵本身而言，在灌注时还容易擦伤电缆外皮，并且固化后要增减电缆是很难实现的。

4.5.3 无机防火堵料封堵法

无机防火堵料封堵法与水泥灌注法基本上是一样的。但该堵料固化层不怕火烧，遇火不迸裂，因而能够有效地起到防火作用。其缺点也是不易拆卸。

4.5.4 有机防火堵料封堵法

有机防火堵料对于火和烟气都有较好的封堵效果，也便于拆换。但是由于有机防火堵料一般都较为柔软，仅在封堵面积较小的洞口时才适用，因此也有一定的局限性。所以单纯使用有机防火堵料时多是对小型的孔洞进行封堵。

4.5.5 套装阻火圈封堵技术

这是专门针对塑料管材所实施的最新型的防火封堵技术。有相应规格的阻火圈与塑料管相匹配，可适用于各类塑料管穿过墙壁和楼板时所形成的孔洞的防火封堵。

4.5.6 阻火包封堵技术

阻火包的耐火性能优异，便于封堵和拆卸，受到大火的作用时包内填充物能够迅速膨胀并封堵住烟道，有效地阻挡住浓烟和火焰的蔓延。唯一的缺点是在火灾初期堵不住浓烟的流窜，透过封堵层的有害浓烟会严重地威胁到室内人员的生命安全，引起他们的中毒、窒息甚至是伤亡。因此其应用也是有缺陷的。

建筑防火玻璃及应用

5.1 防火玻璃的分类

5.1.1 按结构分类

防火玻璃按结构不同可分为复合防火玻璃和单片防火玻璃。

（1）复合防火玻璃（FFB） 由两层或两层以上玻璃复合而成或由一层玻璃和有机材料复合而成，并满足相应耐火性能要求的特种玻璃。复合防火玻璃适用于建筑物房间、走廊、通道的防火门窗及防火分区和重要部位防火隔断墙。

（2）单片防火玻璃（DFB） 由单层玻璃构成，并满足相应耐火性能要求的特种玻璃。单片防火玻璃适用于外幕墙、室外窗、采光顶、挡烟垂壁以及无隔热要求的隔断墙。

5.1.2 按耐火性能分类

防火玻璃按耐火性能不同可分为隔热型防火玻璃（A类）和非隔热型防火玻璃（C类）。

（1）隔热型防火玻璃（A类） 耐火性能同时满足耐火完整性、耐火隔热性要求的防火玻璃。

（2）非隔热型防火玻璃（C类） 耐火性能仅满足耐火完整性要求的防火玻璃。

5.1.3 按耐火极限分类

防火玻璃按耐火极限可分为五个等级：0.50h、1.00h、1.50h、2.00h、3.00h。

5.2 防火玻璃的技术要求

5.2.1 外观质量

防火玻璃的外观质量应符合表5-1和表5-2的规定。

表5-1 复合防火玻璃的外观质量

缺陷名称	要求
气泡	直径300mm圆内允许长0.5～1.0mm的气泡1个
胶合层杂质	直径500mm圆内允许长2.0mm以下的杂质2个
划伤	宽度≤0.1mm，长度≤50mm的轻微划伤，每平方米面积内不超过4条
	0.1mm＜宽度＜0.5mm，长度≤50mm的轻微划伤，每平方米面积内不超过1条

续表

缺陷名称	要　求
爆边	每米边长允许有长度不超过 20mm、自边部向玻璃表面延伸深度不超过厚度一半的爆边 4 个
叠差、裂纹、脱胶	脱胶、裂纹不允许存在；总叠差不应大于 3mm

注：复合防火玻璃周边 15mm 范围内的气泡、胶合层杂质不作要求。

表 5-2　单片防火玻璃的外观质量

<table>
<tr><th>缺陷名称</th><th>要　求</th></tr>
<tr><td>爆边</td><td>不允许存在</td></tr>
<tr><td rowspan="2">划伤</td><td>宽度≤0.1mm，长度≤50mm 的轻微划伤，每平方米面积内不超过 2 条</td></tr>
<tr><td>0.1mm<宽度<0.5mm，长度≤50mm 的轻微划伤，每平方米面积内不超过 1 条</td></tr>
<tr><td>结石、裂纹、缺角</td><td>不允许存在</td></tr>
</table>

5.2.2 尺寸、厚度允许偏差

防火玻璃的尺寸、厚度允许偏差应符合表 5-3 和表 5-4 的规定。

表 5-3　复合防火玻璃的尺寸、厚度允许偏差　　单位：mm

玻璃的公称厚度 d	长度或宽度(L)允许偏差		厚度允许偏差
	$L\leqslant1200$	$1200<L\leqslant2400$	
$5\leqslant d<11$	±2	±3	±1.0
$11\leqslant d<17$	±3	±4	±1.0
$17\leqslant d<24$	±4	±5	±1.3
$24\leqslant d<35$	±5	±6	±1.5
$d\geqslant35$	±5	±6	±2.0

注：当 L 大于 2400mm 时，尺寸允许偏差由供需双方商定。

表 5-4　单片防火玻璃尺寸、厚度允许偏差　　单位：mm

<table>
<tr><th rowspan="2">玻璃公称厚度</th><th colspan="3">长度或宽度(L)允许偏差</th><th rowspan="2">厚度允许偏差</th></tr>
<tr><th>L≤1000</th><th>1000<L≤2000</th><th>L>2000</th></tr>
<tr><td>5
6</td><td>+1
−2</td><td rowspan="3">±3</td><td rowspan="4">±4</td><td>±0.2</td></tr>
<tr><td>8
10</td><td rowspan="2">+2
−3</td><td>±0.3</td></tr>
<tr><td>12</td><td>±0.3</td></tr>
<tr><td>15</td><td>±4</td><td>±4</td><td>±0.5</td></tr>
<tr><td>19</td><td>±5</td><td>±5</td><td>±6</td><td>±0.7</td></tr>
</table>

5.2.3 耐火性能

隔热型防火玻璃（A 类）和非隔热型防火玻璃（C 类）的耐火性能应满足表 5-5 的要求。

表 5-5 防火玻璃的耐火性能

分类名称	耐火极限等级	耐火性能要求
隔热型防火玻璃(A 类)	3.00h	耐火隔热性时间≥3.00h,且耐火完整性时间≥3.00h
	2.00h	耐火隔热性时间≥2.00h,且耐火完整性时间≥2.00h
	1.50h	耐火隔热性时间≥1.50h,且耐火完整性时间≥1.50h
	1.00h	耐火隔热性时间≥1.00h,且耐火完整性时间≥1.00h
	0.50h	耐火隔热性时间≥0.50h,且耐火完整性时间≥0.50h
非隔热型防火玻璃(C 类)	3.00h	耐火完整性时间≥3.00h,耐火隔热性无要求
	2.00h	耐火完整性时间≥2.00h,耐火隔热性无要求
	1.50h	耐火完整性时间≥1.50h,耐火隔热性无要求
	1.00h	耐火完整性时间≥1.00h,耐火隔热性无要求
	0.50h	耐火完整性时间≥0.50h,耐火隔热性无要求

5.2.4 可见光透射比

防火玻璃的可见光透射比应符合表 5-6 的规定。

表 5-6 防火玻璃的可见光透射比

项目	允许偏差最大值(明示标称值)	允许偏差最大值(未明示标称值)
可见光透射比	±3%	≤5%

5.2.5 弯曲度

防火玻璃的弓形弯曲度不应超过 0.3%，波形弯曲度不应超过 0.2%。

5.2.6 抗冲击性能

进行抗冲击性能检验时，如样品破坏不超过一块，则该项目合格；如三块或三块以上样品破坏，则该项目不合格；如果有两块样品破坏，可另取六块备用样品重新试验，如仍出现样品破坏，则该项目不合格。

单片防火玻璃不破坏是指试验后不破碎；复合防火玻璃不破坏是指试验后玻璃满足下述条件之一：

① 玻璃不破碎。

② 玻璃破碎但钢球未穿透试样。

5.2.7 耐紫外线辐照性

当复合防火玻璃使用在有建筑采光要求的场合时，应进行耐紫外线辐照性能测试。

复合防火玻璃试样试验后试样不应产生显著变色、气泡及浑浊现象，且试验前后可见光透射比相对变化率 ΔT 应不大于 10%。

5.2.8 碎片状态

每块试验样品在 50mm×50mm 区域内的碎片数应不低于 40 块。允许有少量长条碎片存在，但其长度不得超过 75mm，且端部不是刀刃状；延伸至玻璃边缘的长条形碎片与玻璃边缘形成的夹角不得大于 45°。

5.3 防火玻璃在建筑中的应用

由于防火玻璃具有防火和隔热的优点，在建筑消防工程中作为主要的消防材料得到了广泛的应用。其应用部位主要分为四个：

(1) 防火玻璃可以作为耐火构件的配件　在建筑消防工程中，为了保证建筑的消防安全，需要设置防火门和防火窗，而防火门和防火窗属于耐火构件。为了保证防火门和防火窗起到防火隔热的效果，就需要在防火门和防火窗上采取防火玻璃作为主要配件，增强防火隔热的能力。

(2) 防火玻璃可以作为防火分隔的隔断　在建筑消防工程中，除了要设置防火门和防火窗以外，还要按照设计要求有效设置防火分隔的隔断，防火分隔的隔断主要应选用防火隔热性能好的材料。而对于建筑消防工程而言，防火玻璃是个不错的选择，不但可以起到防火隔热的作用，还能美化隔断墙壁。

(3) 防火玻璃可以和喷淋装置共同构成防火分隔系统　目前在建筑消防工程中，消防喷淋装置是一种主要的火灾应急处置设备，通过国外成熟的经验发现，防火玻璃可以和喷淋装置设置在一起，有效地构成防火分隔系统，不但可以加强喷淋效果，还能有效地实现防火隔热的目的，保证了建筑的安全性。

(4) 防火玻璃可以用在高层建筑中的办公室隔墙，起到阻燃的效果　在目前有些建筑消防工程中，在设置办公室隔墙的时候，有意识地选用了防火玻璃，使防火玻璃不但能够发挥防火隔热的作用，还能发挥美观装饰的作用。并且选用防火玻璃作办公室隔墙，一旦个别办公室发生火灾，可以有效阻燃，降低火灾带来的损失。

通过以上的分析，我们知道了防火玻璃的特点主要是防火和隔热，并且目前在建筑领域得到了广泛的应用。随着建筑业突飞猛进的发展，建筑业对消防安全的要求日益迫切，如何提高建筑物的消防安全成为了摆在我们面前的一个新的课题，基于这种现状，防火玻璃的采用成了未来建筑消防安全的发展趋势。

由于防火玻璃的特点和优势，未来防火玻璃的应用前景将比较广阔，主要体现在以下几个方面：

(1) 防火玻璃会成为商业场所和过街通道的主要消防工程材料　防火玻璃的安全性非常高，可以有效地防火隔热，发生火灾之后可以有效地保护人民生命财产。所以，对于人员稠密并且消防形势严峻的商业场所和过街通道等地方，防火玻璃会成为主要消防工程材料。

(2) 防火玻璃会应用在高层建筑和写字楼中　从目前的高层建筑和写字楼的建设情况来

看，消防安全已经成为了建筑物的重要要求。而要实现高层建筑和写字楼的安全，防火玻璃的采用成了发展的必然。考虑到防火玻璃的防火隔热特性和美观性，在高层建筑和写字楼中会得到重要应用。

（3）防火玻璃会在建筑物中与其他消防系统融合，提高消防系统功效　目前已经有了防火玻璃和喷淋系统融合的案例，在以后的发展中，防火玻璃还会与其他的消防系统融合，逐步提高消防系统的功效，发挥防火玻璃的重要作用。

参 考 文 献

[1] GB 12441—2005 饰面型防火涂料 [S]. 北京：中国标准出版社，2006.
[2] GB 14907—2002 钢结构防火涂料 [S]. 北京：中国标准出版社，2002.
[3] GB 15763.1—2009 建筑用安全玻璃 第1部分：防火玻璃 [S]. 北京：中国标准出版社，2010.
[4] GB 23864—2009 防火封堵材料 [S]. 北京：中国标准出版社，2010.
[5] GB 28374—2012 电缆防火涂料 [S]. 北京：中国标准出版社，2012.
[6] GB 28375—2012 混凝土结构防火涂料 [S]. 北京：中国标准出版社，2012.
[7] GB 50016—2014 建筑设计防火规范 [S]. 北京：中国计划出版社，2014.
[8] 石敬炜．建筑消防工程设计与施工手册 [M]. 北京：化学工业出版社，2013.
[9] 覃文清，李风．材料表面涂层防火阻燃技术 [M]. 北京：化学工业出版社，2004.
[10] 徐志嫱．建筑消防工程 [M]. 北京：中国建筑工业出版社，2009.
[11] 伍作鹏，李书田．建筑材料火灾特性与防火保护 [M]. 北京：中国建材工业出版社，1999.
[12] 张伟．建筑内部装修防火细节详解 [M]. 南京：江苏科学技术出版社，2015.